写真・文＝菊池真以

ときめく
雲図鑑

山と溪谷社

story 3 季節の雲

story 4 雲を楽しむ

はじめに

見上げるといつも頭の上に浮かんでいる雲。
あまりにも日常的で、
普段じっくりと雲を見ることはないかもしれません。
でも、ときとして雲はとてもきれいで美しく空を彩ります。
毎日の忙しさから少しだけ離れて、雲を眺める時間を増やすと、
そんなときめく瞬間に出合うことがぐんと多くなります。
そして、雲の移り変わりは意外に早いことに気がつくでしょう。
雲は、毎日様子が違うだけでなく、
分刻みや秒刻みで姿を変えることもあります。
面白い形だったり、かわいい形だったり、
そんな雲がどんな風にできてどうなっていくのか、
少し詳しくお伝えします!
一緒に空を眺めて、雲に思いを寄せてみませんか。

story 1

雲の記憶

ゆったりと空に浮かんでいて、
次々と形を変えては私たちを楽しませてくれる雲のことを
不思議に思う人も多いはず。
現代の私たちとは交わることのない過去の人々も
きっと同じように雲を見上げ、
様々な思いを抱いたのではないでしょうか。
雲を紐解くためのエピソードを紹介します。

memory 1

雲をつかむ話

雲の正体

空にふわふわと浮かぶ白い雲を眺めて、あの上に乗ってみたいなと誰もが一度は思ったことがあるのではないでしょうか。寝転んだら気持ちよさそうな、あの雲の正体は何でしょうか。

雲の正体、答えは「水」です。蒸発した地上の水が、空で冷やされることで雲が発生します。雲はすぐに蒸発して消えてしまうものもありますが、なかには大きくなって雨を降らせるものもあります。地球の水が循環するためには、雲の存在は欠かせないのです。雲を構成するのは小さな水の粒で、半径はおよそ0.01㎜。これは雨の粒の100分の1くらいの大きさで、目には見えません。広い空で、この小さな水の粒がたくさん集まって雲をつくっています。

ところで、たくさんの雲に覆われた空を私たちは曇り空と表現しますが、雲がどのくらい出ていたら「曇り」なのでしょうか。気象の世界では、空全体の9割以上に雲が出ていたら「曇り」、8割以下が「晴れ」、1割以下が「快晴」という定義があります。8割というと雲がたくさん出ているように見えるかもしれませんが、それでも晴れということになります。誰が見ても空の状態をきちんと把握して記録できるように、決まりがあるのです。

雲の5つのヒミツ

1 雲の粒

雲は対流圏と呼ばれる、地上からおよそ13kmまでの空で発生します。雲の粒は低い空ではおもに水ですが、気温の低い高い空では氷晶《ひょうしょう》と呼ばれる氷の粒になります。

2 白だけではない雲の色

雲が白色に見えるのは、太陽の光が雲粒で散乱しているためです。光が届かない雨雲の底は黒色に、朝日や夕日が当たると赤や黄色になります。

3 実は重い！ 雲の重さ

にゅうどう雲のように大きな雲に含まれる水の量は、数万～数十万トンにもなります。このたっぷりの水が大雨の元になることがあります。

4 雲が浮かぶのはなぜ？

雲が浮ぶのは、上昇気流によって押し上げられているからです。雲粒の落下速度は1秒に1～2㎝程度。もしも上昇気流がなければ、雲は少しずつ落ちていくことになります。

5 雲が降らせるもの

雲が降らせるものには、雨、雪、霰《あられ》、雹《ひょう》などがあります。直径が5㎜未満のものを霰、それより大きいものは雹と呼びます。日本では直径30㎝ほどの雹が降った記録があります。

memory 2

雲を愛した人

雲と正岡子規

明治の俳人、正岡子規は作中に雲を多く登場させたほか、「雲の日記」をつけるなど雲の観察に興味があったようです。子規は著作のなかで、雲をどのように表現していたのでしょうか。

「春雲は絮《わた》のごとく、夏雲は岩のごとく、秋雲は砂のごとく、冬雲は鉛のごとく」。子規が四季の雲を表現した代表的な文です。春は綿のようなふわふわとしたわた雲を、夏は空にそびえたつ岩のようなにゅうどう雲を、秋は砂のように細やかに並ぶうろこ雲などを、冬は日本海側で雪を降らせる鉛のように重たい感じのする雲を表したのでしょう。実際に四季がめぐるたびに空を見上げると、子規のいう雲をよく目にすることができるため、子規の観察力の鋭さを感じます。またあまり知られていませんが、実はこの文には続きがあります。「晨雲《しんうん》（朝の雲）は流るるがごとく、午後は湧くがごとく、暮雲（夕方の雲）は焼くがごとし」。これは一日の雲の変化です。子規が雲に魅せられ、一刻一刻と変化する雲の様子を楽しむ姿が目に浮かびます。ありふれた日常の風景である雲の変化を、子規のように敏感に感じ取ることができれば、毎日が少しだけ豊かなものになるかもしれません。

雲の5つの数え方

1 まばらに浮かぶ雲

空の所々に浮かぶ雲は、一つ、二つと数える人が多いと思います。同じように「片《へん・ひら》」を用いる数え方もあります。「一片の雲」というと風流な感じがしますね。

2 まとまった雲

まとまった形をして浮かぶ雲は「塊《かたまり》」を使います。たとえば、大きなわた雲を一塊、二塊と数えます。「片」よりも大きい雲のイメージです。

3 ほんのわずかな雲

快晴の空にぽつんぽつんと浮かぶ雲には「点《てん》」や「抹《まつ》」を用いて数えます。小さな雲が少しだけ出ているような空に使うことが多い数え方です。

4 にゅうどう雲

夏のにゅうどう雲は、山に見立てて「座《ざ》」を使います。標高の高い山と同じ数え方です。ちなみに大きなにゅうどう雲のことを「雲の峰」と呼ぶことがあります。

5 飛行機雲

飛行機雲は線が引かれたようなので、「本《ほん》」や「筋《すじ》」と数えます。ほかにも光や水の流れを表現するのと同じ「条《じょう》」を使った数え方があります。

memory 3

雲の歴史の始まり

雲を発見した人

絶え間なく変化し、つかみどころがないように思われる雲は、実は10種類に分けられます。雲の分類に大きく貢献したのは、アマチュア科学者の青年でした。

1802年12月、ロンドンで一人の青年が雲に名前をつけたと発表し世間を驚かせました。彼の名前はルーク・ハワード。アマチュアの科学者でした。彼は雲を、ラテン語で繊維や毛を意味する「シルス（巻雲）」、山や重なりを意味する「クムルス（積雲）」、層やシートを表す「ストラトウス（層雲）」の3つの基本形に分類しました。さらに、巻雲と積雲、層雲が入り混じった雨を降らせる雲「ニンブス（乱雲）」などを含め、全部で7つの雲の名前を考案したのです。ハワードから始まった雲の分類の研究は、その後も多くの人に引き継がれ、イギリス人のラルフ・アバークロンビーは2度の世界一周の旅から、雲は世界のどこでも同じように分類できることを確かめました。

1896年にはそれまでの知見をまとめた「国際雲図帳」が出版され、初版には今の雲分類とほとんど変わらない10の体系が記されています。国際雲図帳は数度の改定を経て、現在でも雲の分類の基礎として使われています。

雲を使った世界のことば

1

「どんな雲にも銀の裏地がついている」

英語のことばです。どんなに暗い雲でも、反対側では太陽に照らされて銀色に輝いていることから、憂鬱に思うことにも必ず幸せな明るい面があるという意味です。

2

「9番目の雲の上にいる」

こちらも英語のことば。雲の中で最も高くそびえたつ積乱雲は、昔の国際雲図帳で9番目の雲に登録されていました。そのため高い雲の頂点に立っているような、気分が最高のときに使います。

3

「約束は雲、実行は雨」

雨の降ることが少ないアラビアのことば。約束は雲ができるように簡単ですが、それを実行するのは雨が降るくらい難しいという意味です。国によって雲のとらえ方が異なることがわかります。

4

「晴れた日のほうが多い」

ローマのことばで、全文は「もし一年を通して太陽の日と雲の日を数えてみれば、晴れた日の方が多かったことが分かるだろう」。結局は辛いことよりも良いことの方が多いと思うと励みになりそうです。

5

「雲の中に頭を突っ込んでいる」

英語の慣用表現です。とらえどころない雲を非現実的なものとして例えたことばで、夢想にふけっているという意味のようです。日本でも夢物語を「雲を掴むような話」と表現しますね。

memory 4

実はすごい影響力の持ち主?
伝説の雲「彩雲」

日本には多くの雲の伝説やことわざが残っていますが、そのなかでも歴史上影響力が大きいと思われる伝説の雲を紹介します。

飛鳥時代、宮中から吉兆とされる慶《けい》雲《うん》が見えたとして、西暦704年6月に「慶雲《きょううん》」と元号が改められました。慶雲とは、雲が虹色に色づく現象「彩雲」を示す言葉だと言われており、景雲《けいうん》、瑞雲《ずいうん》とも呼ばれます。また奈良時代の767年には、各地で多彩に輝く雲が報告されたことで「神護景雲《じんごけいうん》」に改元されるなど、縁起のよい兆しとして彩雲は長く愛されてきました。ほかにも、阿弥陀如来《あみだにょらい》が彩雲と思われる五色の雲に乗ってご来迎なさる様子が図様に描かれるなど、大変おめでたい雲でもあったようです。

story 2

雲の世界へ

青空に浮かぶ、ぷかぷか雲。
雨を降らせるどんより雲。
空を埋め尽くすように広がる壮大な雲。
激しい嵐をもたらす恐ろしい雲。
空に浮かぶ雲には、すべて名前があります。
ここでは基本となる雲やときめく雲、
光と雲のコラボレーションによる現象など
全59種を紹介します。

雲図鑑の歩き方

きほんの10種

きほんの10種とは?

空に浮かぶ雲は以下の10種に分類されます。

- 巻雲(すじ雲)
- 巻積雲(うろこ雲)
- 巻層雲(うす雲)
- 高積雲(ひつじ雲)
- 高層雲(おぼろ雲)
- 乱層雲(あま雲)
- 層積雲(うね雲)
- 層雲(きり雲)
- 積雲(わた雲)
- 積乱雲(にゅうどう雲)

※( )内は、世間でよく使われている雲の名前です。
この本では「きほんの10種」に正式名称ではなく、この名前を用いています。

これは雲ができる高さや形をもとに世界気象機関が分類したものです。気象の世界ではこの分け方を「10種雲形」と呼ぶことが多いのですが、本書では「きほんの10種」としました。まずは、この「きほんの10種」を紹介します。

雲の豆知識　～きほんの10種の名前～

巻雲、巻層雲……など、雲の正式名称は難しく思えますが、
実は名前には法則があります。
使われる漢字によって、雲の高さや形を知ることができるのです。

巻　上層の空にできる雲
巻雲（すじ雲）、巻積雲（うろこ雲）、巻層雲（うす雲）

高　中層の空にできる雲
高層雲（おぼろ雲）、高積雲（ひつじ雲）

乱　雨を降らせる雲
乱層雲（あま雲）、積乱雲（にゅうどう雲）

層　広がりのある、層状の雲
巻層雲（うす雲）、高層雲（おぼろ雲）、乱層雲（あまぐも）、
層積雲（うね雲）、層雲（きり雲）

積　丸かったり、積み重なったり塊状の雲
巻積雲（うろこ雲）、高積雲（ひつじ雲）、層積雲（うね雲）、
積雲（わた雲）、積乱雲（にゅうどう雲）

※「層」と「積」がつく層積雲（うね雲）は両方の性質をもちます。
※「乱」がつかない雲でも、弱い雨を降らせることがあります。

きほんの10種／図鑑ページの見方

国際名

世界気象機関が発行する「国際雲図帳」（2017年版）に準拠しています。

正式名称

日本での雲の正式名称です。

きほんの10種

空に舞う羽根のよう

すじ雲

巻雲（けんうん）

Cirrus (Ci)

すじ雲は、筆や刷毛《はけ》で描いたような繊維状の真っ白な雲です。飛行機が飛ぶ高度10㎞あたりに出ることが多いため、飛行機に乗って窓の外を見ると、近くをスッと流れていくのを目にすることができます。

上層の空は気温が低いので、すじ雲は小さな氷の粒が集まってできています。氷の粒が落下しながら上空の風に流されることにより、筋状の形が出来上がります。

風が強いほどきれいに長く伸びるので、上空の風が強まる秋から春は、美しく長く伸びるすじ雲がたくさん出る空に出合うチャンスです。一方、上空の風が弱い夏は、雲全体がくるんと丸まってしまったり、筋同士が絡み合ったりすることが多いです。

20

雲の名前

正式名称ではなく、世間でよく使われている雲の名前です。

アイコン

きほんの10種をモチーフにしたアイコンを置いています。

解説

その雲の興味深い特徴や、ときめきポイントなどを記しています。

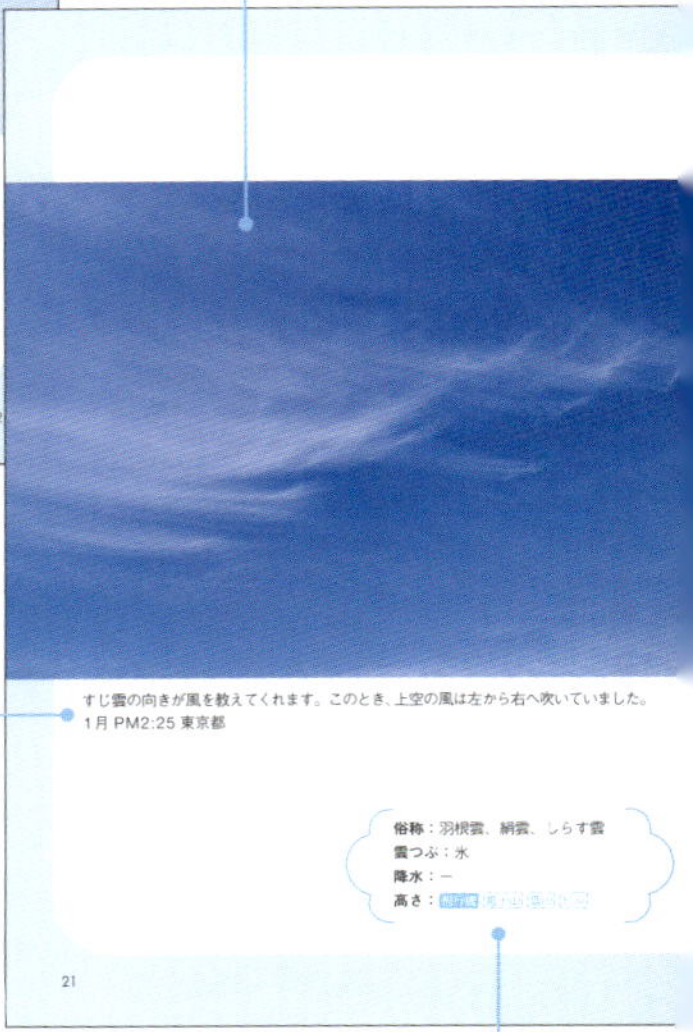

写真

雲の魅力、特徴がわかる写真です。

ポイント

ちょっとした雲の小話を紹介しています。

写真の説明

雲を探すときのヒントとなるよう、撮影月と撮影時間を記しました。

雲データ

俗称：正式名称以外の呼び名で、昔からある呼び方や世間で親しまれている名前を記しました。

雲つぶ：雲を構成する粒を説明します。

降水：その雲が雨を降らす場合、「ときどき」「しとしと」「ざあざあ」の3パターンで降り方を示します。

高さ：雲が浮かぶ高さを示します。詳細はP.18-19を参照。

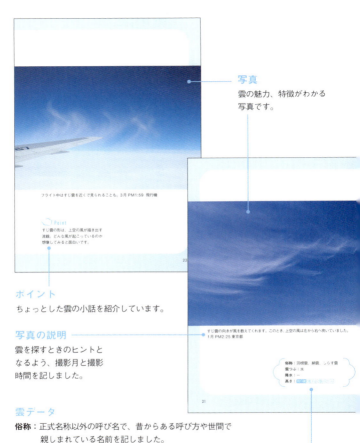

雲ができる高さ

雲を分類する上で、雲ができる高さは非常に重要なポイントです。雲ができるのは、ほとんどが地上〜13㎞くらいの空で（季節によってはもう少し高くにできる場合があります）、雲の種類によって浮かぶ高さは異なります。

・高さの解説

図鑑ページでは、雲が浮かぶ高さを大まかに4つの指標で表しています。

飛行機 …およそ 10km

低山 …およそ 1km

富士山 …およそ 4km

ビル …およそ 0.2km
（超高層ビル）

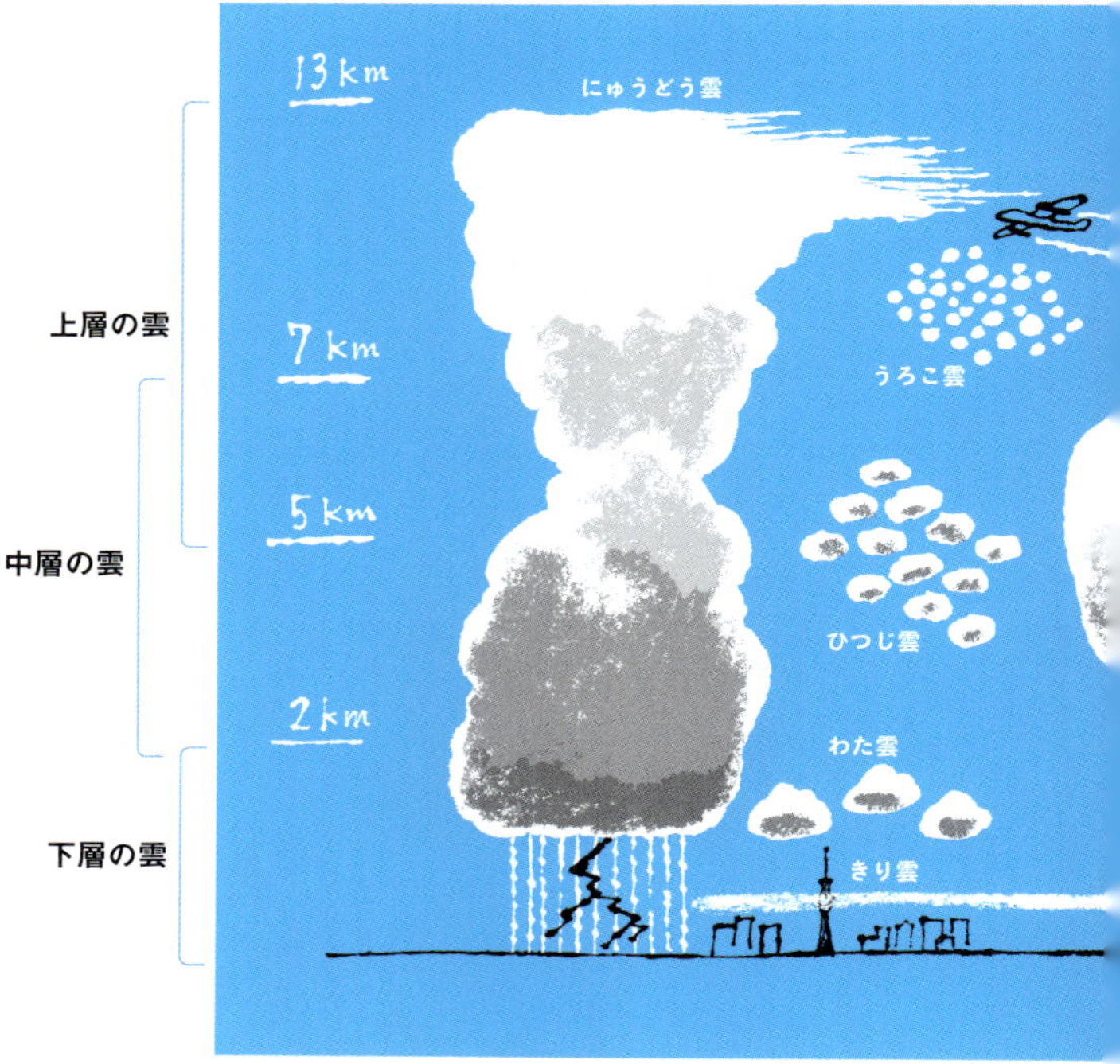

※本書では空の高さを下層の空（地上〜2km）、中層の空（2〜7km）、上層の空（5〜13km）の3つで表現しています。

空に舞う羽根のよう

すじ雲

—巻雲（けんうん）
—*Cirrus*（*Ci*）

すじ雲は、筆や刷毛《はけ》で描いたような繊維状の真っ白な雲です。飛行機が飛ぶ高度10kmあたりに出ることが多いため、飛行機に乗って窓の外を見ると、近くをスッと流れていくのを目にすることができます。

上層の空は気温が低いので、すじ雲は小さな氷の粒が集まってできています。氷の粒が落下しながら上空の風に流されることにより、筋状の形が出来上がります。

風が強いほどきれいに長く伸びるので、上空の風が強まる秋から春は、美しく長く伸びるすじ雲がたくさん出る空に出合うチャンスです。一方、上空の風が弱い夏は、雲全体がくるんと丸まってしまったり、筋同士が絡み合ったりすることが多いです。

すじ雲の向きが風を教えてくれます。このとき、上空の風は左から右へ吹いていました。
1月 PM2:25 東京都

俗称：羽根雲、絹雲、しらす雲
雲つぶ：氷
降水：ー
高さ：飛行機 富士山 低山 ビル

フライト中はすじ雲を近くで見られることも。3月 PM1:59 飛行機

Point

すじ雲の形は、上空の風が描き出す
流線。どんな風が起こっているのか
想像してみると面白いです。

すじ雲は空高くに浮かぶため、夕日は最後に当たります。暗くなり始めた空に、雲が赤く輝きました。6月 PM7:13 茨城県

小さな雲が集まって

うろこ雲

—巻積雲（けんせきうん）

—*Cirrocumulus* (Cc)

小さな雲がたくさん集まっている様子が魚のうろこに似ていることから、うろこ雲という名前がつきました。上層の空にできる雲（すじ雲、うろこ雲、うす雲）のなかでは比較的低いところに現れて、飛行機の窓のすぐ下に見えることが多い雲です。

雲は水の粒が集まってできるものが多く、太陽の近くでは、雲がカラフルに色づく彩雲（P.160）や光環（P.162）を見られるチャンスがあります。

普段は空の一部分に出ることが多い雲ですが、時々空一面にびっしりと広がります。それは低気圧が雨を連れて近づいているときで、天気が下り坂のサイン。空はだんだんと灰色のおぼろ雲や黒色のあま雲に覆われていきます。

うろこ雲は空に点々と浮かびます。この日は並び方が縞模様に見えました。
5月 AM8:29 東京都

俗称：いわし雲、さば雲、あわ雲
雲つぶ：おもに水
降水：—
高さ：飛行機 富士山 低山 ビル

太陽の近くのうろこ雲が色づいています。光環の一部です。
10月 AM11:10 東京都

Point

うろこ雲はひつじ雲などほかの雲と一緒に出ることが多いので、うろこ雲だけが広がっているのは珍しく、出合えたらラッキーです。

うろこ雲の季節は秋だけではありません。梅雨前線が近くにあるときも、
空に広がることがあります。5月 PM2:21 鹿児島県

うす雲に現れた日暈。太陽は眩しいので、直接見ないように注意！
3月 AM11:34 東京都

薄い氷のベール

うす雲

—巻層雲（けんそううん）
—*Cirrostratus (Cs)*

この雲が出ると、空の色は青ではなく白っぽくなります。雲は透き通るように薄く、空に広がっても太陽や月、ときには星までも透けて見えます。よく見ないと、雲が出ていることにさえ気がつかないこともあります。

うす雲は上層の雲です。すじ雲と同じくらい空高くに広がることが多

Point

うす曇りというのは、うす雲が広がる空を指すことが多いです。

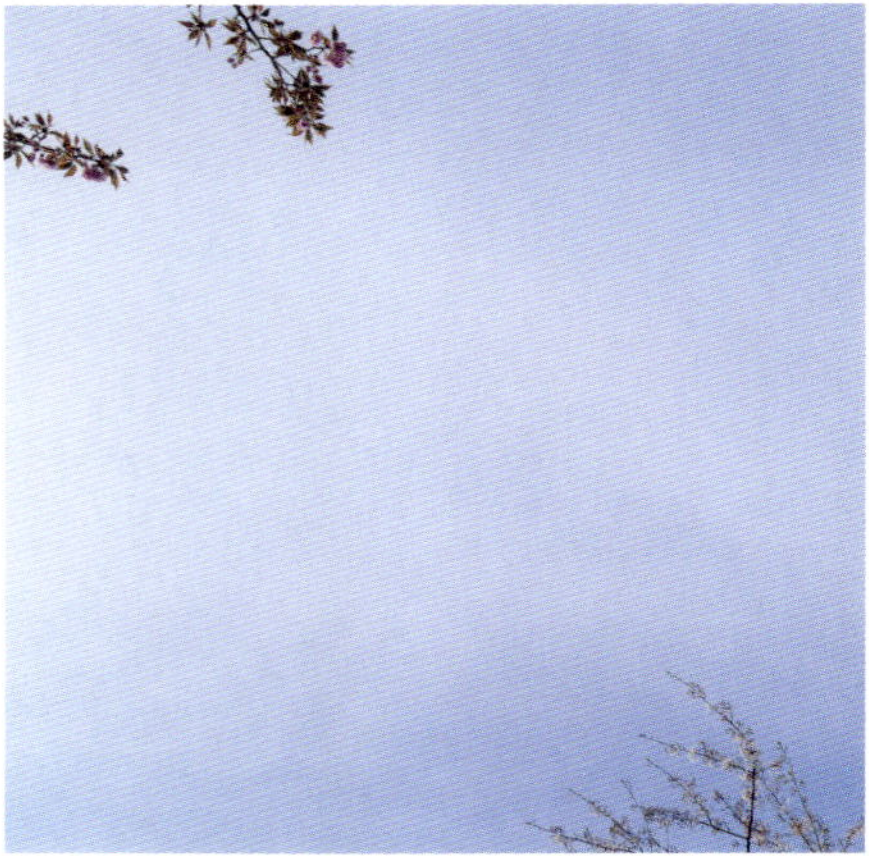

桜の季節は天気が周期的に変化。2〜3日に1回はうす雲が広がります。4月 PM4:15 東京都

く、小さな氷の粒が集まってできています。

　うす雲が出たときの楽しみは、何といっても光の現象の観察。うす雲と太陽の光のコラボレーションにより、日暈（P.164）や環天頂アーク（P.168）など空を彩る様々な現象が現れます。一見すると薄ぼんやりとして面白みのないように思える雲ですが、実はとても魅力的できれいな空を私たちに見せてくれます。

俗称：かすみ雲
雲つぶ：氷
降水：—
高さ：飛行機　富士山　低山　ビル

もこもこと並ぶ姿が有名

ひつじ雲

―高積雲（こうせきうん）
―*Altocumulus*（*Ac*）

丸くもこもことした羊の群れのような雲。秋の代表的な雲と思われがちですが、実際には一年中見られ、群れて並んでいるようなので「群《む》雲《ら》」、まだら模様に見えるので「まだら雲」と呼ばれることもあります。

ひつじ雲は中層の空にでき、水の

Point

名前はひつじ雲ですが、サバの模様のような波状雲（P.66）、亀の甲羅のような半透明雲（P.102）など、羊には見えない形で出ることも。

ひつじ雲が太陽の近くを通ったら、彩雲のチャンス！ 色とりどりの羊になりました。
10月 AM11:10 東京都

粒でできています。太陽の近くでは彩雲（P.160）になることが多く、色とりどりに染まって浮かぶ様子は美しいです。

また、このかわいらしい雲は、私たちにこの先の天気を教えてくれます。もし、雲と雲の隙間が大きく、青空がのぞいていたら、このあとも晴れが続くことが多いです。一方で隙間がなかったり、上空にほかの種類の雲が出ていたりすると、天気は下り坂です。

俗称：むら雲、まだら雲
雲つぶ：水
降水：—
高さ：飛行機 **富士山** 低山 ヒル

夕日が当たって雲がクリーム色に。朝や夕方は雲の立体的な形がわかりやすくなります。
12月 PM4:05 神奈川県

空一面を灰色に覆う

おぼろ雲

—高層雲（こうそううん）

—*Altostratus (As)*

べたーっと空一面を覆う雲で、曇り空というと、この雲を想像する人が多いかもしれません。この雲が広がると、太陽や月がおぼろげな弱々しい光となることから、おぼろ雲と

このあとどんよりとしてきて、あま雲へと変わりました。3月 PM3:10 京都府

呼ばれるようになりました。

おぼろ雲は中層の空に浮かび、ほとんどが水の粒でできていますが、上のほうは氷の粒のこともあります。

この雲が広がるのは、低気圧が近づいているときが多いです。そのためにおぼろ雲が広がると、「雨の予感」とよく言われます。しかし実はおぼろ雲の状態では、雨はほとんど降りません。雨が降るのは、おぼろ雲がさらに厚みを増し、どんよりとした黒いあま雲になった時です。おぼろ雲のうちに、雨の当たらない場所に早めに移動するのがおすすめです。

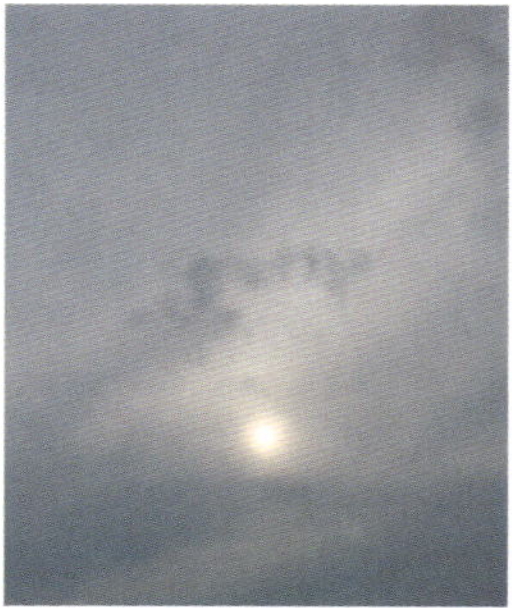
おぼろ雲が出ると、太陽はどうにかぼやっと見える程度に。
6月 PM4:39 東京都

Point

おぼろ雲は、空一面に広がるうす雲やうろこ雲、ひつじ雲から変わってできることが多いです。

俗称：ー
雲つぶ：水、氷
降水：ときどき
高さ：飛行機 富士山 低山 ビル

きほんの10種

どんよりと覆いかぶさる

あま雲

―乱層雲（らんそううん）

―*Nimbostratus (Ns)*

しとしとと弱い雨が続いているとき、空を見上げるとどんよりとした雲が広がっているはずです。あま雲は名前のとおり、雨を降らせる雲。寒い季節は雪を降らせて、ゆき雲とも呼ばれます。

あま雲の下には別の雲も。弱い雨が降り出しました。
5月 PM1:16 長崎県

あま雲といえば黒い色が特徴ですが、黒く見えるのは雲に厚みがあって太陽の光が下のほうまで届かないため。雲が厚いほど黒くなり、どんよりとした感じも増します。あま雲の厚さは数千メートルになることもあり、これに覆われると地上では昼間でもうす暗く感じられます。

あま雲は中層の雲で、ほとんどが水の粒でできています。しかし、厚みがあると上層にも広がって、雲の上のほうは氷の粒になることがあります。

俗称：ゆき雲
雲つぶ：水、氷
降水：しとしと
高さ：飛行機 富士山 低山 ビル

Point

あま雲は弱い雨をしとしとと長時間降らせ、にゅうどう雲は強い雨をざっと短い時間降らせます。

いろいろな表情をもった雲

うね雲

——層積雲（そうせきうん）
——*Stratocumulus (Sc)*

最も代表的なうね雲は、細長いロール状の雲が連なって並んでいるものです。一つ一つの雲片の膨らみが、畑の畝《うね》（土を積んで盛り上げた部分）に似ていることから、うね雲と呼ばれるようになりました。この雲は下層にできるので、高い展望台や建物から見ると近くに感じることができます。一年中よく見る雲なので、観察するチャンスは多いです。

うね雲が広がって特にきれいなのは「天使の梯子《はしご》」（P.176）と呼ばれる光の現象です。これは、たくさんのうね雲が空を覆ったとき、雲のわずかな隙間から光が木漏れ日のように降り注ぐ現象です。うね雲はほかにも雲片のロールが短いものや、まばらに並んだもの、寒い朝に雲海として広がるものなど様々な表情を見せてくれます。

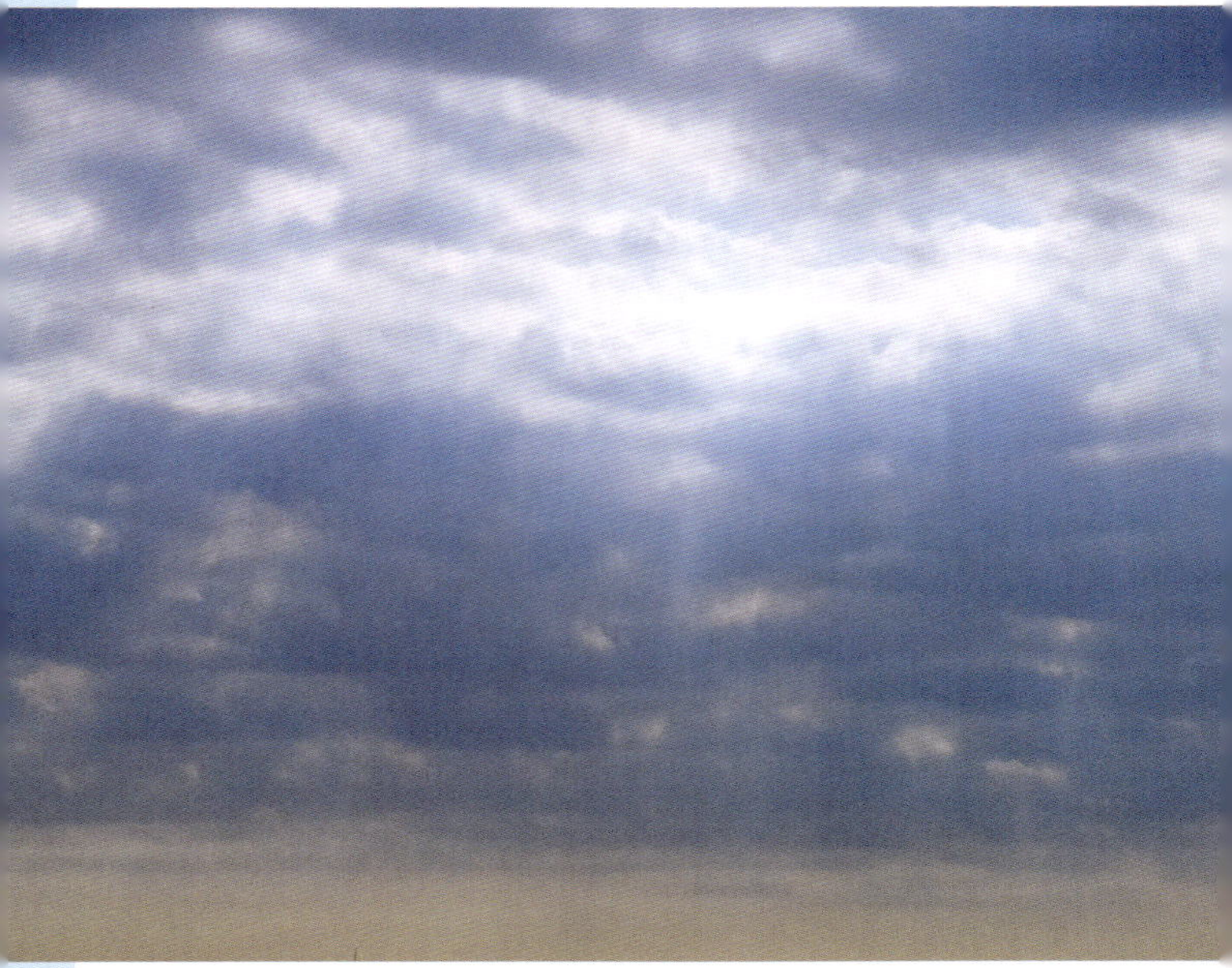

うね雲の隙間から光のカーテンが。天使の梯子と呼ばれます。
11月 AM9:05 東京都

俗称：かさばり雲、くもり雲
雲つぶ：水
降水：ときどき
高さ：飛行機 富士山 **低山** ヒル

雲の底がうねうねとして奥のほうまで続いているのがわかります。
11月 PM3:39 大阪府

Point

急に現れては空を曇らせ、弱い雨を降らせることもあるので、天気予報が難しい雲の一つです。

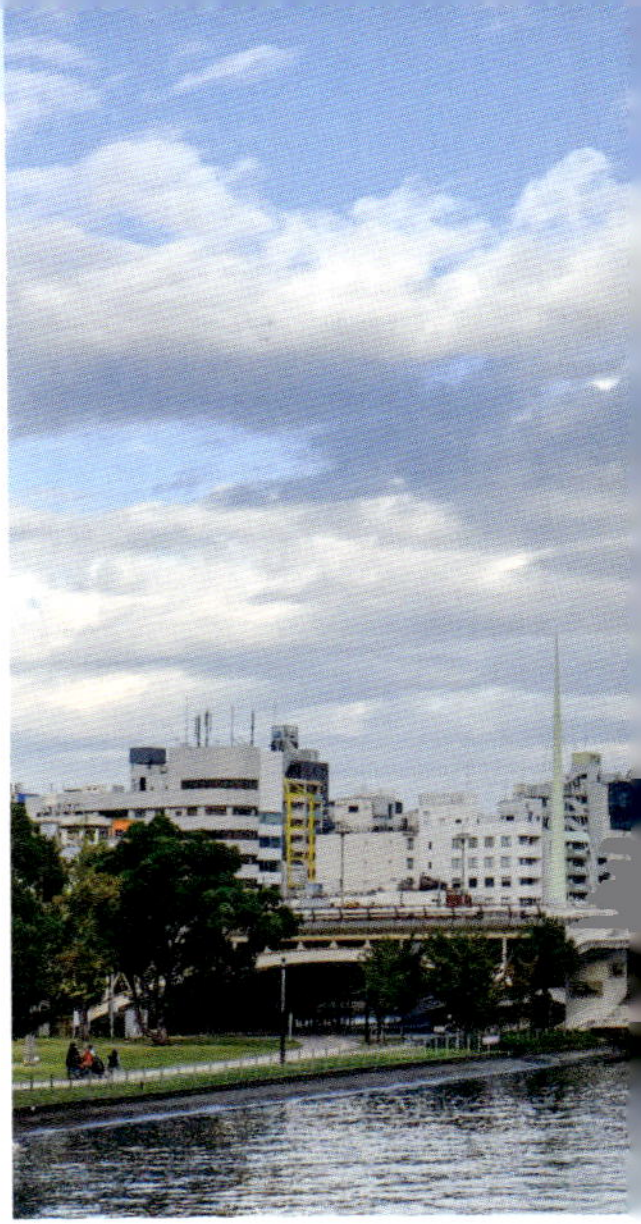

うね雲はわた雲と違い、上部がもくもくとしていないものが多いです。
12月 PM4:05 神奈川県

きほんの10種

きり雲

最も低い雲

——層雲（そううん）

——*Stratus*（*St*）

きほんの10種のなかでは、いちばん低い雲で、私たちのすぐそばに出ます。きり雲は水の粒でできていて、傘がいらないくらいの柔らかいシャワーのような霧雨を降らせることがあります。輪郭ははっきりとせず、名前のとおり、その姿は「霧」

やや高いところから見下ろしています。もう少しきり雲が増えると雲海です。
9月 AM7:16 北海道

によく似ています。きり雲と霧は、地面に接しているか否かで区別をし、地面に少しでも接していると「霧」、地面から離れていると「きり雲」と呼びます。

　きり雲は雨上がりの朝に出ることが多く、地面近くにたなびくきり雲が朝日の黄金色に染まるさまは幻想的で美しいものです。また、きり雲が出そうな日には、少し高いところから眺めてみてください。たくさんのきり雲が雲海になって広がる様子は感動的です。

俗称：ー
雲つぶ：水
降水：ときどき
高さ：飛行機 富士山 低山 ビル

雨上がりの朝、だんだんと霧からきり雲に変化しました。
8月 AM5:40 長野県

Point

特に春や秋、雨の翌朝はきり雲に出合えるチャンス。太陽が昇るにつれて、すぐに消えてしまうはかない雲です。

きほんの10種

ぷかぷかと浮かぶ雲の代名詞

わた雲

—積雲（せきうん）

—*Cumulus (Cu)*

並んでぷかぷか浮かぶ様子はかわいらしく、青空に映えます。
8月 AM11:29 秋田県

雲といえば、この雲を思い浮かべる人は多いはず。下層の空に、一つ一つが独立したように浮かんでいます。もくもくとした丸みのある形で、輪郭はハッキリ。横から見ると立体的で、下の部分はやや平ら。あんパンやシュークリームのような形です。

夏には強い日射しで地面近くの空気が暖められ、それが上昇してたくさんのわた雲が生まれます。もくもくと上へと成長したわた雲は、やがて大きなにゅうどう雲になることも。

わた雲は夏以外の季節にも見られますが、春や秋は盛り上がっていない平らなものが多く、冬は強い北風で形が壊れて小さくなって浮かんでいるものが多いです。このように、わた雲の季節によって違う姿に注目してみるのも面白いです。

俗称：積み雲
雲つぶ：水
降水：ときどき
高さ：飛行機 富士山 低山 ビル

沖縄は暖かく、10月の朝でもわた雲がたくさん浮かびます。
10月 AM10:27 沖縄県

Point

夏に朝からたくさんのわた雲が出ていたら、昼すぎにはにゅうどう雲にまで大きく成長して、雷雨になる可能性が高いです。

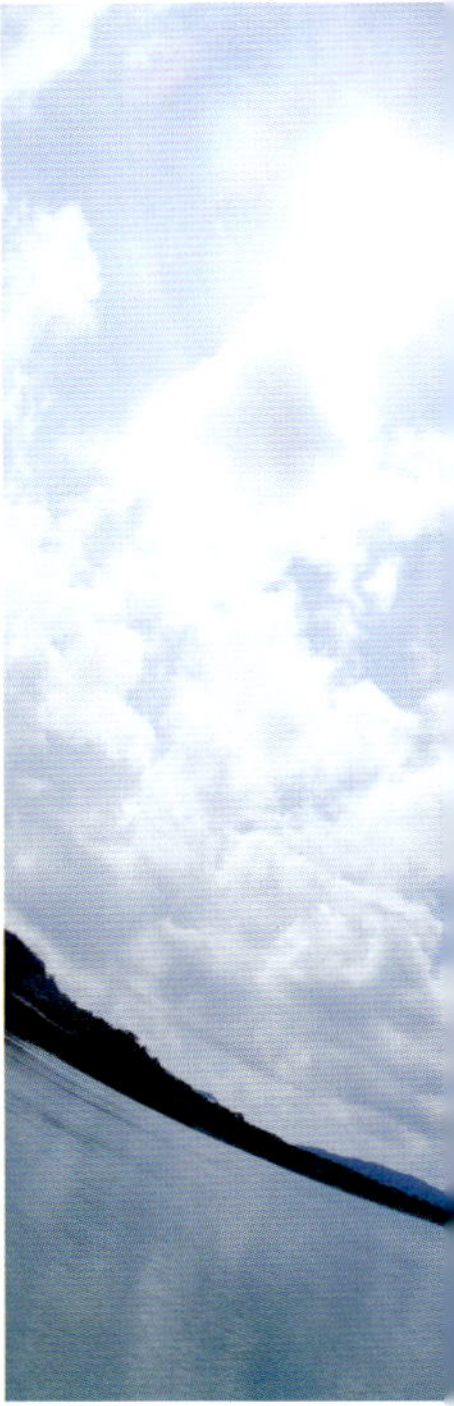

秋は日射しが弱く、午後になっても雲は大きくなりません。
11月 PM3:10 山梨県

にゅうどう雲

荒天をもたらす巨大な雲

——積乱雲（せきらんうん）

——*Cumulonimbus* (*Cb*)

怪獣のようなにゅうどう雲。雲の上が横に伸びて金《かな》床《とこ》形になっています。7月 PM3:24 東京都

きほんの10種のなかでいちばん大きく、雷雨や竜巻、雹といった荒天をもたらす雲です。雲の王様ともいえるこの雲の厚さは、10㎞以上あることも。そのため、太陽の光は雲の底まで届かずに、雲の下は真っ黒になります。よく天気予報で「黒い雲は天気急変のサイン」と聞きますが、これはにゅうどう雲の底が私たちの頭の上にやってきた状態です。通常、にゅうどう雲の寿命は1時間くらい。あっという間に大きくなる様子は、まるで雲が生きているかのようです。

にゅうどう雲は近くに来ると恐ろしい雲ですが、遠くから眺めると美しさや楽しさがあります。「雲の峰」とも呼ばれるこの雲が山のようにそびえたつ姿は凛々しく、夕日でてっぺんが赤く染まる姿もきれいです。

俗称：かみなり雲、夕立雲
雲つぶ：氷、水
降水：ざあざあ
高さ：飛行機 富士山 低山 ビル

よく見ると、にゅうどう雲の下に雨の筋がたくさんあります。
9月 PM6:41 沖縄県

Point

わた雲のなかでも雄大雲（P.126）まで成長したものは、積乱雲と同じように「にゅうどう雲」と呼ばれることがあります。

STEP UP!

似ている雲の見分け方

空を眺めると、複数の種類の雲が同時に浮かんでいることが多いことに気づきます。また雲は風の影響を受け、次々と形を変えながら流れ、さらには時間の経過とともに別の種類の雲へと変化することがあります。そのため雲を見ても、最初は種類を見分けるのが難しかったり、その雲の特徴を見失ったりということがよくあります。

このページではきほんの10種のうち、特に似ている雲を挙げて、判断の手がかりとなる着目点を紹介します。空を見上げるときの参考にしてみてください。

小さいのがうろこ雲、大きいのがひつじ雲。

つぶつぶな雲
～うろこ雲×ひつじ雲～

このニつの雲の判断に迷ったときには、手を空のほうに伸ばして、小指を雲に並べてみましょう。小指よりも小さければ、うろこ雲、超えればひつじ雲であることが多いです。

写真では中央がうろこ雲ですが、右下や左下など、大きいものはひつじ雲です。このように両方が一緒に出ている空はよく見かけます。

広がる雲
～うす雲×おぼろ雲～

両方とも広がりのある雲です。見分けにくいときは、日暈（P.164）が出ているかどうかで判断します。氷の粒でできたうす雲は日暈が出ることが多いのに対して、ほぼ水の粒でできたおぼろ雲には日暈は出ません。

天気が下り坂のときは、時間とともにうす雲からおぼろ雲に変化することがあります。日暈が見えなくなったら、おぼろ雲に変わった合図です。

うす雲

おぼろ雲

雨の予感がする雲
～おぼろ雲×あま雲～

おぼろ雲が厚みを増してくると、あま雲との区別がつきにくくなります。地上からきちんと判断することはとても難しいのですが、雨が降り出す前はおぼろ雲、雨が降っていたらあま雲であることが多いです。

おぼろ雲

あま雲

ぷかぷか浮かぶ雲
～わた雲×うね雲～

わた雲が列になってたくさん並んでいたり、うね雲の隙間が大きかったりすると、同じように見えることがあります。そんなときは、空全体を見渡してみてください。わた雲はもくもくと盛り上がり、立体感をもつことが多いです。一方でうね雲は全体的に平たく、立体感の少ないことが多いです。また、雲片が連なって並んでいることが多いのもうね雲の特徴です。

わた雲

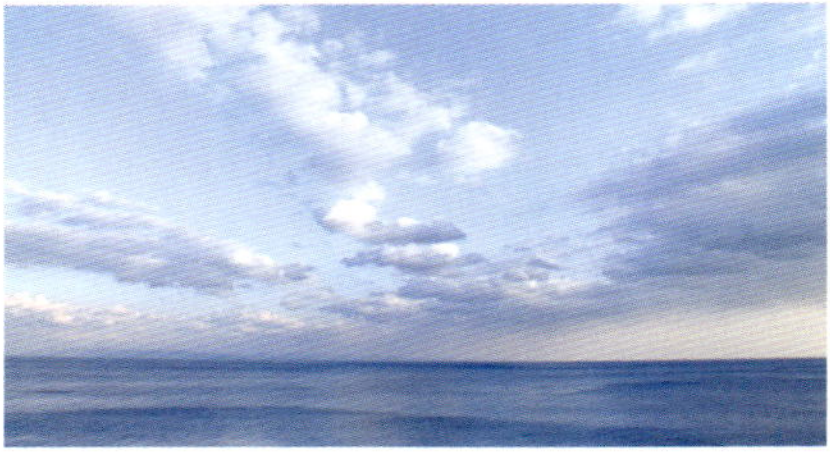

うね雲

雲図鑑の歩き方

細分化された雲たち

細分化された雲とは?

雲を分類するための基礎となる「きほんの10種」をP.20-49で紹介しました。実際の観察では、きほんの10種の雲を見つけても形がヘンテコだったり、アクセサリーのようなオマケの雲がついていたりと、写真とは異なる姿であることも多いでしょう。きほんの10種の雲は、このような特徴に応じてさらに種類が細分化されます。以降の図鑑ページでは、細分化されたときめく雲たちを紹介します。

細分化された雲たち／図鑑の見方

・注目ポイント

雲を細分化するのに重要な特徴を、以下の4つで表現しています。

1 かたち

雲の形に特徴がある

例）レンズのような形（レンズ雲）

・雲の先が折れ曲がっている（かぎ状雲）

2 ならび

雲の並び方に特徴がある

例）縞模様に並ぶ（波状雲）・雲が重なったように並ぶ（二重雲）

3 厚さ

雲の厚さに特徴がある

例）空や太陽が透けて見えるほど薄い（半透明雲）・空や太陽を隠すほど厚い（不透明雲）

4 アクセサリー

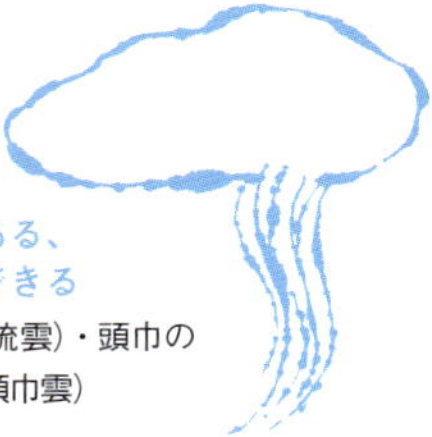

雲に部分的な特徴がある、または雲に付随してできる

例）雲の下にしっぽ（尾流雲）・頭巾のような雲がのっている（頭巾雲）

・アイコンの見方

細分化された雲の大本となる「きほんの10種」をアイコンで示しました。雲によって、単数だったり複数だったりします。

すじ雲

うろこ雲

うす雲

ひつじ雲

おぼろ雲

あま雲

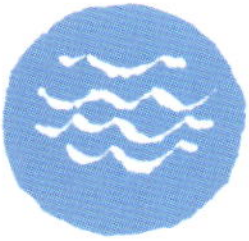
うね雲

きり雲

わた雲

にゅうどう雲

・カテゴリー解説

見た目や出現頻度などによって、
雲を7つのカテゴリーで紹介しています。

きれい	美しく、空に浮かぶ芸術のような雲たち
かわいい	見ているだけで癒やされる、かわいらしい雲たち
ふしぎ	なぜこんな雲になったの？と知りたくなる雲たち
すごい	見たらびっくりするかも。写真に撮りたくなる雲たち
めずらしい	出合えたらラッキー！　出現頻度が低めの雲たち
さまざま	そのほかの新種の雲たち
光＆雲	太陽の光と雲が合わさってできる幻想的な現象

雲の豆知識　〜もっと詳しい分類〜

国際雲図帳では、雲は「種」「変種」「補足雲形と付属雲」という3つのグループで細分化されています。雲をはじめて観察する方にもなるべく身近に親しんでもらいたい観点から、本書ではこれらのグループを使わず、代わりに「注目ポイント」に置き換えて紹介しています（下の表参照）。

雲のグループ	分類の視点	注目ポイント
種	見た目の形	かたち
変種	ならび方や厚さ	ならび、厚さ
補足雲形と付属雲	部分的な特徴、 付随してできる雲	アクセサリー

くるっとした先端

かぎ状雲《かぎじょううん》

— uncinus (unc)

俗称： —
注目ポイント： かたち
雲の先が折れ曲がっている

青い空に、きれいに1列に並んだかぎ状雲。6月 AM9:34 東京都

すじ雲というと、この雲を思い浮かべる人は多いはず。すじ雲の代表的な形で、写真のように先端がくるっと折れ曲がったものをかぎ状雲といいます。先端のカーブは、上空の風のスピードや向きが急に変わっているところです。そのときの風によって形が変わるので、カーブがきれいにそろったかぎ状雲を見かけることは少なく、出合えたらラッキー。

ただ、立派なかぎ状雲が空にたくさん出ていたら、天気はゆっくり下り坂のサインです。晴天は長くは続きません。

大きなかぎ状雲は目立ち、すぐにわかります。風景のアクセントにも。
10月 AM11:15 神奈川県

Point
金具のフックや釣り針のような形の雲。記号のコンマ(,)にも見える？

きほんの10種では

空に広く毛状雲が見えるときは、うす雲の毛状雲であることが多いです。
6月 AM11:30 東京都

細いシャープペンシルで
ひいた線のよう

毛状雲《もうじょううん》

— *fibratus (fib)*

俗称：線状雲
注目ポイント：かたち
繊維状で真っすぐ

きほんの10種では

Point
すじ雲の毛状雲からうす雲の毛状雲へ次第に変わることがあります。

青空にすっと並ぶ、すじ雲の毛状雲。風の流れが速く、すぐに消えていきました。
11月 PM2:31 東京都

細いシャープペンシルでシュッシュッと線を描いたような雲を毛状雲といいます。

毛状雲は、すじ雲で先端まで真っすぐなものと、うす雲で細い雲の線が無数に見えるものの2種類があります。どちらもよく見ると雲片はとても細く、真っ白です。氷の粒でできた雲なので明るく、重なって出ても暗い色にはなりません。まるで空に細いストライプの模様をつけたように雲が並ぶ様子には、繊細な美しさがあります。

たくさんの雲が集まって

濃密雲《のうみつうん》

―― spissatus (spi)

台風や発達した低気圧がやってくる1〜2日前は見事な濃密雲が広がることも。
10月 PM4:30 東京都

Point

夏や秋は特にきれいな濃密雲に出合えるかもしれません。台風が近づく前や、かなとこ雲が出やすい夕方がチャンス！

すじ雲がたくさん集まって重なり合った状態を濃密雲といいます。ときには青空を隠すくらいに濃密になることもあります。

雲の重なり具合によって、雲の色は輝くような白だったり、ふんわりとした柔らかい白だったり、同じ濃密雲でも少しずつ色合いは変わります。「あの部分はとてもたくさんのすじ雲が集まっているな」や「あそこはほかと比べてやや少ないな」など、濃淡に注目してみると雲の様子がわかって面白いですよ。

俗称：—
注目ポイント：かたち
たくさん集まって重なり合う

夏の夕方。かなとこ雲（P.136）の
上の部分が濃密雲へと変わりました。
9月 PM5:33 神奈川県

きほんの
10種では

空に描かれる縞模様

波状雲《はじょううん》

——undulatus (un)

ひつじ雲の波状雲。太い縞々が力強く、海にうねりがやってきたようでした。
5月PM6:03 東京都

縞

模様状の雲を波状雲といいます。上空の風が波打つように吹いているとき、風が上昇するところで雲が発生し、下降するところで雲が消えるために、縞々模様の雲が空にできるのです。

ひつじ雲やうね雲の波状雲は大きくダイナミックなことが多く、見ごたえ抜群です。一方で、うろこ雲やうす雲の波状雲は繊細で小さなさざ波がたっているようです。同じ波状雲でも、どの種類の雲が縞模様になるかでずいぶんと印象が変わります。太い縞々でも、細い縞々でも、空一面に広がるととても美しい雲です。

きほんの10種では

Point

波状雲は、魚のさばの背の模様に似るので、さば雲と呼ばれることも。昔から「さば雲は雨」といいますが、実際に雨の確率は高いです。

俗称： さば雲、水まさ雲
注目ポイント： ならび
ナミナミ、縞模様

うす雲の波状雲。繊細で消えてしまいそうな線がきれいに並びます。
10月 PM3:47 千葉県

ダイナミックに広がる

放射状雲《ほうしゃじょううん》

— *radiatus (ra)*

空の向こう側の一点から、こちら側に向かって広がるように並ぶ雲を、放射状雲といいます。放射状雲の魅力はなんといってもスケールの大きさ。大空のキャンバスに雲の列が広がるように並ぶ様子は壮大な芸術を見ているかのようです。

一見すると雲は放射状に並んでいるようですが、実際は平行に出ています。目の錯覚により遠くの雲は間隔が狭く、近くの雲は間隔が広く目にうつるため、放射状に広がっているように見えるのです。

俗称：アブラハムの樹
注目ポイント：ならび
放射状に並ぶ

Point

放射状雲は、空全体を見渡さないと
気づきにくいため、空が広く見える
海や展望台で探すのがおすすめです。

すじ雲の放射状雲。遠くの空から気持ちよく広がっていました。
8月 PM1:11 神奈川県

きほんの10種では

くるくるの毛糸のよう

もつれ雲《もつれぐも》

—— *intortus (in)*

すじ雲のなかで、まるで白い毛糸がもつれたような形をしたものを、もつれ雲と呼びます。繊維状の雲が絡み合って、かわいらしい形や面白い形をつくることがあり、見上げて観察をするのが楽しい雲です。

もつれ雲は上空の風が弱く、穏やかに晴れているときによく出合えます。風が強いと、きれいに伸びる筋状の形になりますが、風が弱いと雲がどこに伸びたらいいのかわからなくなって向きがばらばらになり、絡まったような形になるのです。

俗称：—
注目ポイント：ならび
いろいろな方向を向いて並ぶ

Point

もつれ雲が出ていたら、穏やかな晴天がこのあとも続くことが多いです。

くるくると空でダンスをしているような、もつれ雲。見ているだけで楽しくなってきます。
8月 AM9:02 東京都

きほんの10種では

フサフサで丸い

房状雲《ふさじょううん》

―― *floccus (flo)*

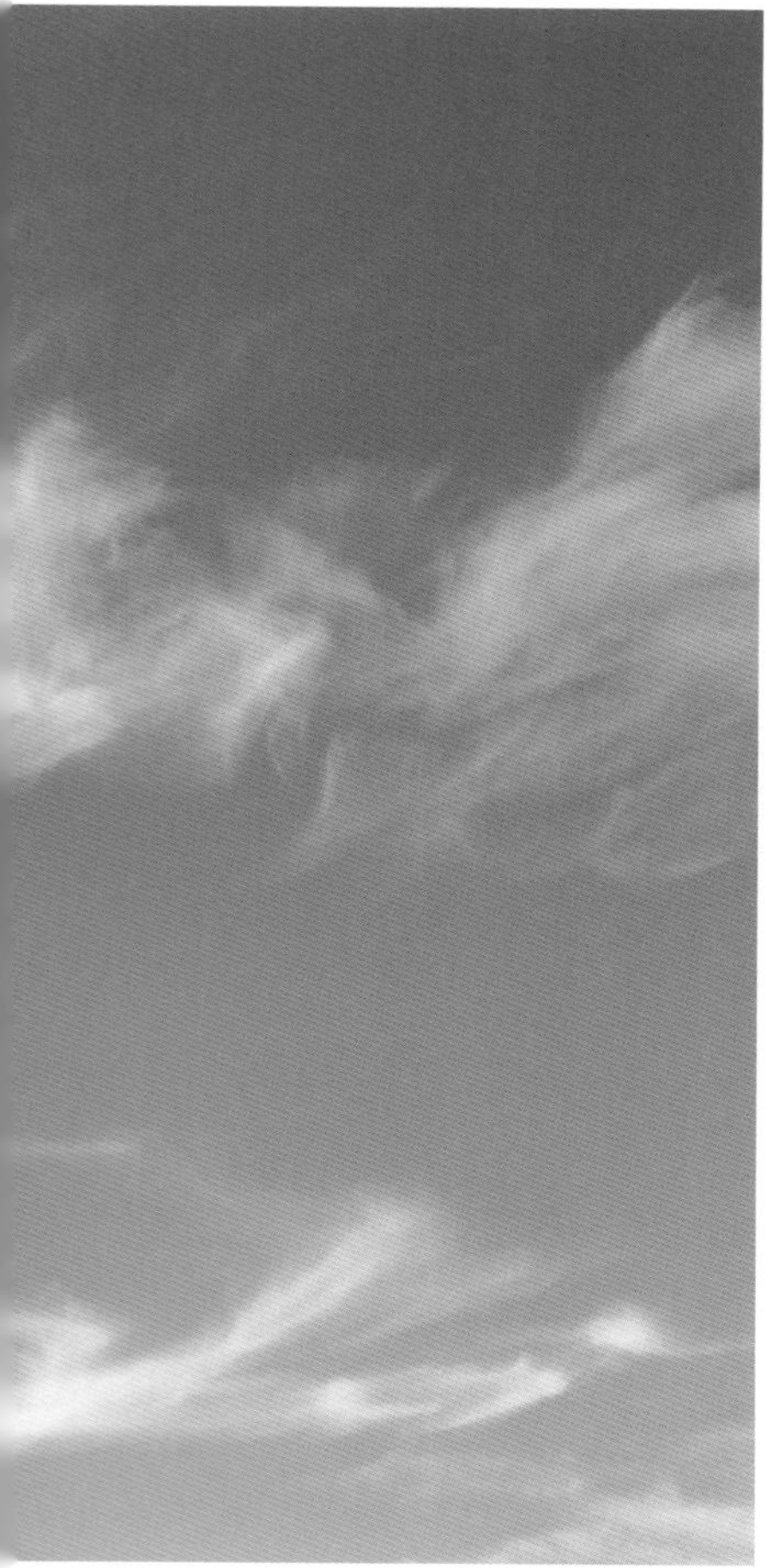

すじ雲の房状雲は、雲片が繊維状なのがよくわかります。
10月 AM11:05 神奈川県

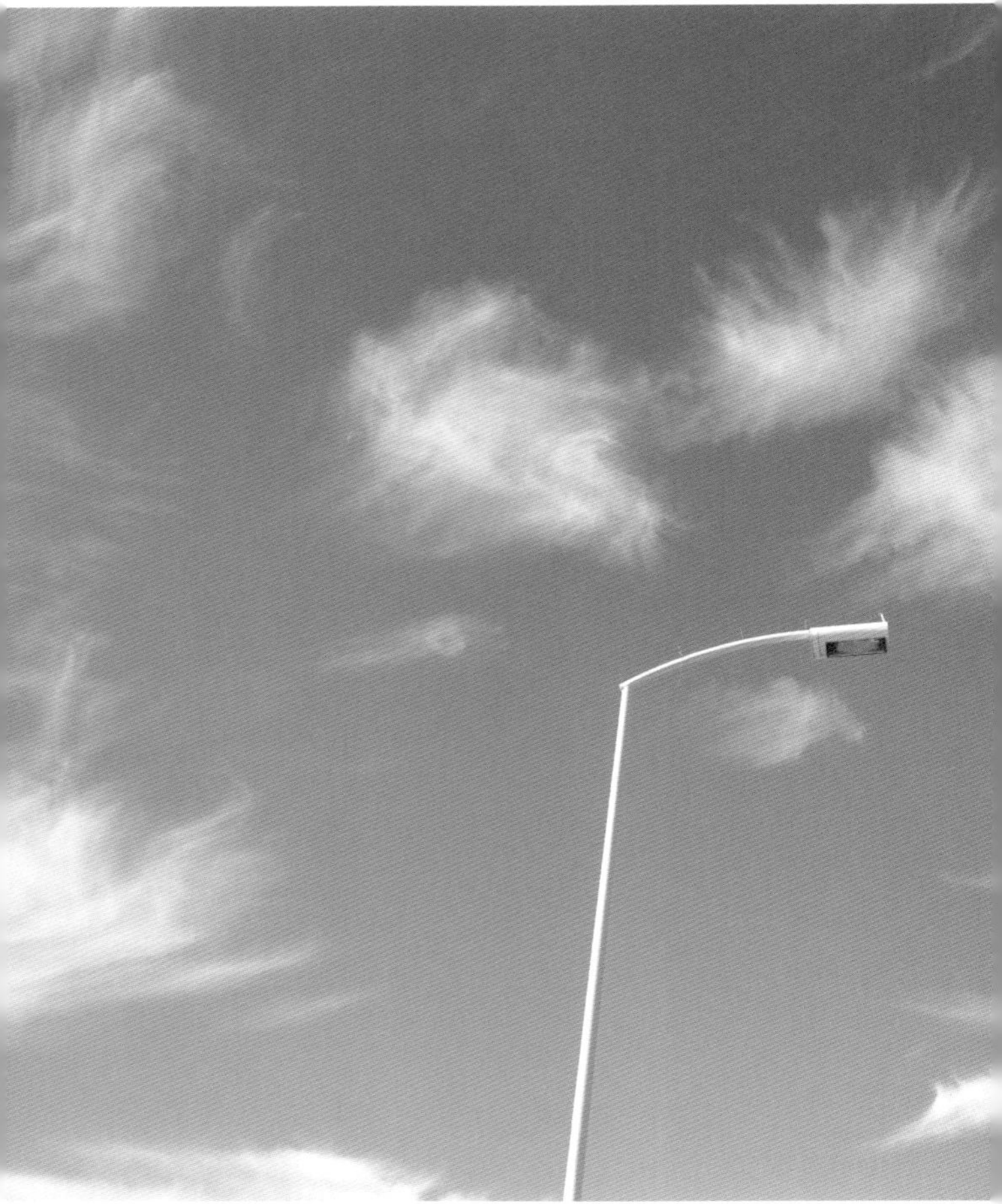

Point

うね雲の房状雲は、2017年版の国際雲図帳から新しく登録されました。

白い糸を束ねて丸めたような雲を房状雲といいます。丸い雲片がほつれたような形で、輪郭ははっきりしません。ところどころ、糸がぴょんぴょんと飛び出るような様子が自由でかわいらしい雲です。

きほんの10種でいうと、すじ雲、うろこ雲、ひつじ雲、うね雲に分類され、晴れた日には青空に映えます。特にすじ雲の房状雲は、繊維状であるのがはっきりと見えて、どんな形なのか観察するのが面白いです。

俗称：ー
注目ポイント：かたち
丸い雲片がほつれたよう

きほんの10種では

毛が伸びてフサフサした羊みたい？　ひつじ雲の房状雲です。
12月 AM8:12 東京都

空に浮かぶフランスパン

扁平雲《へんぺいうん》

—— humilis (hum)

冬に扁平雲が出ていました。
雲はこのまま成長せず、晴れが続きそうです。
1月 PM2:11 東京都

わた雲のなかで、平たい形のものを扁平雲といいます。細長い形は、まるでフランスパン。空に横長に浮かぶ様子は決して派手ではありませんが、眺めていると穏やかな気持ちになります。この雲が出ているときは、天気も穏やか。発生したばかりのわた雲がこの形をしていて、雨を降らせることはまずありません。

日射しの強い夏は、上にもくっと成長することが多く、シュークリーム形の並雲（P.82）になります。一方で、日射しの弱い秋から春は、雲が上に成長せず、平たい扁平雲のまま浮かんでいることが多いです。

俗称：すわり雲
注目ポイント：かたち
横に細長い

半袖だとまだ寒い春の朝、沖縄の海の上に扁平雲がのんびりと浮かんでいました。
3月 AM9:47 沖縄県

きほんの10種では

Point

きほんの10種のうね雲と間違いやすい雲。扁平雲のほうがやや厚みがあり、立体的に見えます。

かわいい

シュークリームのよう

並雲《なみぐも》

— *mediocris (med)*

わた雲といったら、この形を一番に思い浮かべる人も多いのではないでしょうか。わた雲のなかで最も典型的な形で、縦横比が同じくらいのものを並雲といいます。平べったい扁平雲（P.78）よりも高さがあって、縦にもくっとふくらんだ姿はシュークリームやふわふわの綿のように見えます。

並雲のままでは雨にはならないので、のんびりと眺めて楽しめる雲です。ただ、日射しの強い夏は、強い上昇気流で大きくなり、にゅうどう雲になることも。そうなると雨や雷が心配です。

俗称：積み雲
注目ポイント：かたち
縦と横が同じくらいの長さ

空に並雲を見つけると、日射しが強くなってきたのを感じます。
4月 AM11:49 東京都

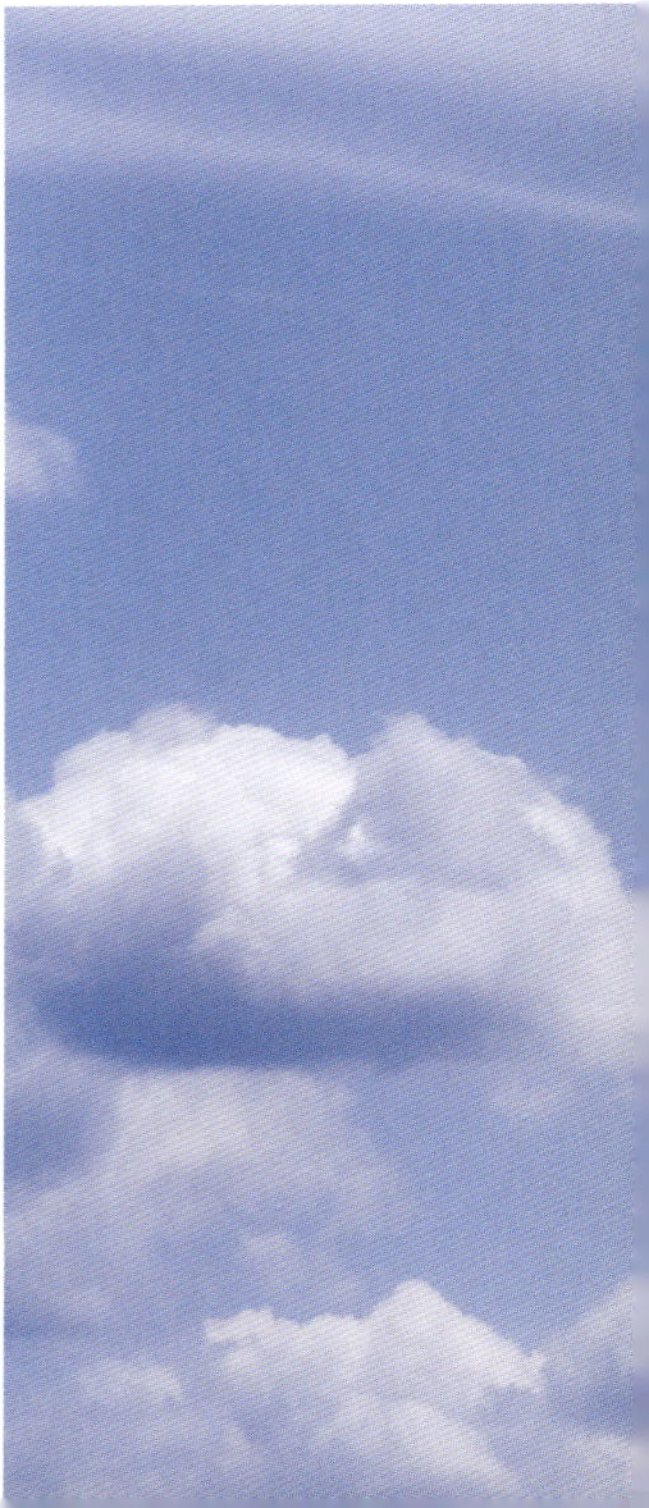

海外で並雲を見つけました。世界は空でつながっているのを実感します。
12月 PM5:42 ハワイ

Point

雲といったら、多くの人が並雲の形を思い浮かべると思います。しかし並雲の特徴である、縦と横の長さが完璧に同じ雲を見つけるのは意外と難しいです。

台風が来る前は、大きくなった並雲が次々と現れます。9月 AM10:01 沖縄県

きほんの
10種では

小さな雲のかけら

断片雲《だんぺんうん》

fractus (fra)

空に浮かぶ小さな雲のかけら。雲に厚みはなく、輪郭はあいまいで、ふわっとしてあいます。文字どおり、断片の雲です。水でできた雲粒がすぐに蒸発して消えてしまったり、風に流されて形が変わったりと、見かけたと思ったら次の瞬間には姿を変えていることが多いです。朝や夕方に赤や黄色に染まるととてもかわいらしく、空に小さなアクセントをつけます。

断片雲のうち、大きな雲の底に出るものは、ちぎれ雲に分類されます。

きほんの10種では

山の上で風が強まると、断片雲は次々と通り過ぎていきます。9月 AM10:36 長野県

Point

冬晴れの北風が強い日に見つける確率が高い雲です。

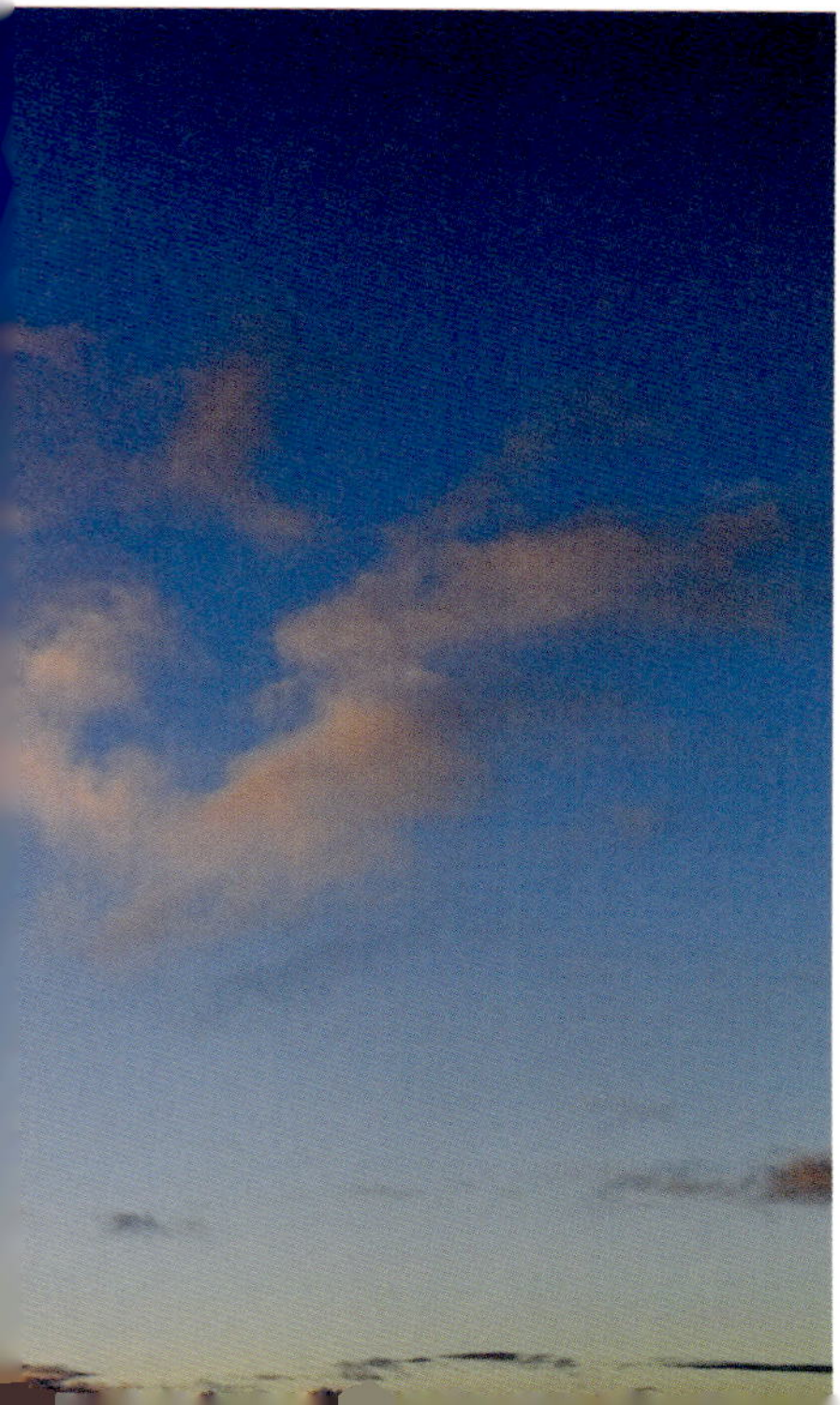

夕日に染まる断片雲。
よく見ないとわからないほど小さい雲は、すぐに消えてしまいます。
1月 PM5:01 東京都

俗称：蝶々雲
注目ポイント：かたち
小さい、ほつれたような輪郭

夕空とのコントラストが美しく、次々に姿形を変えていきました。
9月 PM5:39 富士山中腹

小さくても、荒天のサイン

ちぎれ雲《ちぎれぐも》

—— *pannus (pan)*

雲のすぐ下に、子供のような小さな雲が浮かんでいるのを見かけることがあります。これをちぎれ雲といいます。よく見るのは、雨が近いとき。あま雲やにゅうどう雲がたくさんの小さな雲を引き連れていることがあります。また、もとの雲がちぎれていることもあれば、雲の下が湿っていて新しく雲が発生する場合もあります。

小さくてかわいらしいのに、低気圧や台風が近いときは速いスピードで移動していきます。黒い色だと、黒いイノシシを意味する「くろっちょ」と呼ばれることがあります。

Point

小さな雲だけを、きほんの10種に当てはめる場合は、わた雲かきり雲に分類されます。

俗称：—
注目ポイント：アクセサリー
雲の下に小さな雲

曇ってきたなと思っていたら、ちぎれ雲が現れました。雨が近いです。
4月 PM5:34 京都府

まさに黒いイノシシのように、速いスピードで駆けぬけていきました。
10月 PM5:10 東京都

きほんの10種では

かわいい

青空がのぞきます

隙間雲《すきまぐも》

—perlucidus (pe)

俗称：—
注目ポイント：ならび
雲と雲の距離が大きい

遠くでは雲がぎっしりと並んでいますが、手前は青空が見えるほど雲の隙間が大きくなっています。うね雲の隙間雲です。
10月 PM4:26 東京都

ひつじ雲やうね雲が空に広がっているとき、雲と雲の隙間が大きいものを隙間雲と呼びます。隙間からは青空がのぞいたり、さらに高いところにある雲が見えたりします。たくさん出ると重たい感じのするうね雲も隙間があくと、一つ一つの雲が青空にぷかぷかと浮かぶ様子が微笑ましく見えます。

また、隙間を観察すると、このあとの天気を知ることができます。隙間がどんどん広がると、天気は晴れに。逆に隙間が小さくなっていくときは、天気は下り坂です。

Point

ひつじ雲とうね雲はもともと隙間のある雲ですが、普段よりも雲の間隔が広くなったものを隙間雲と呼んでいます。

きほんの10種では

空飛ぶアーモンド?

レンズ雲《れんずぐも》

——*lenticularis* (*len*)

長く伸びて大きなレンズ雲に。雲のふちは少し彩雲になっています。
2月 AM8:42 東京都

レンズのような形が特徴的な雲。さやえんどうの形にも似ていることから「さや雲」とも呼ばれます。レンズ雲は上空の風が強まるときに現れるため「レンズ雲は強風のサイン」とよくいわれます。

風が山にぶつかるなどして上下に波打つと、風が上昇するところで雲ができ、下降するところで雲が消えます。風の流れがレンズ雲の形を決めるため、ときには翼のように長く伸びたり、大きい楕円形になって空飛ぶ円盤のように見えたり、雲が上下に連なってお皿を重ねたように見えたりします。不思議な形が目をひき、空に出ているとすぐに見つけられます。

Point

重なって出ることがあるレンズ雲を、フランスでは「皿の積み重ねの雲」と呼ぶこともあるそう。

俗称：さや雲
注目ポイント：かたち
レンズやアーモンドのよう

レンズ雲が少し変形したもの。鳥が羽ばたいているようです。関東では南風が強まるときにレンズ雲が出現しやすいです。
11月 PM3:42 東京都

きほんの
10種では

ふしぎ

レンズ雲の仲間

笠雲やつるし雲は、レンズ雲の一つです。山の地形の影響を強く受けてできる雲で、不思議な形をしています。

笠雲《かさぐも》

笠雲は山の頂上付近にできます。風が山に沿って上昇したところに雲の粒ができ、下降するところで消えます。雲の粒は絶えず発生と消滅を繰り返しますが、私たちの目には笠

笠雲が出ると天気下り坂と言われますが、ときどき晴天が続くことがあります。青空を背景に立派な笠雲が現れています。
4月 AM7:27 山梨県

雲が長時間、山頂に出続けているように見えます。

笠雲は富士山に出るものが有名で、笠が一つだけの「ひとつ笠」や二つ上下に重なる「にかい笠」、笠が浮かんでいるような「はなれ笠」などがあり、20もの種類があるとされています。富士山以外にも笠雲はできるので、近くに山があるのなら、毎回違う形を楽しむのも面白いかもしれません。

Point

笠雲やつるし雲が出ていたら、すでに山の上では風が強く、登山には危険な状態です。特に両方が一緒に出ているときは、麓でも天気が崩れることが多いです。

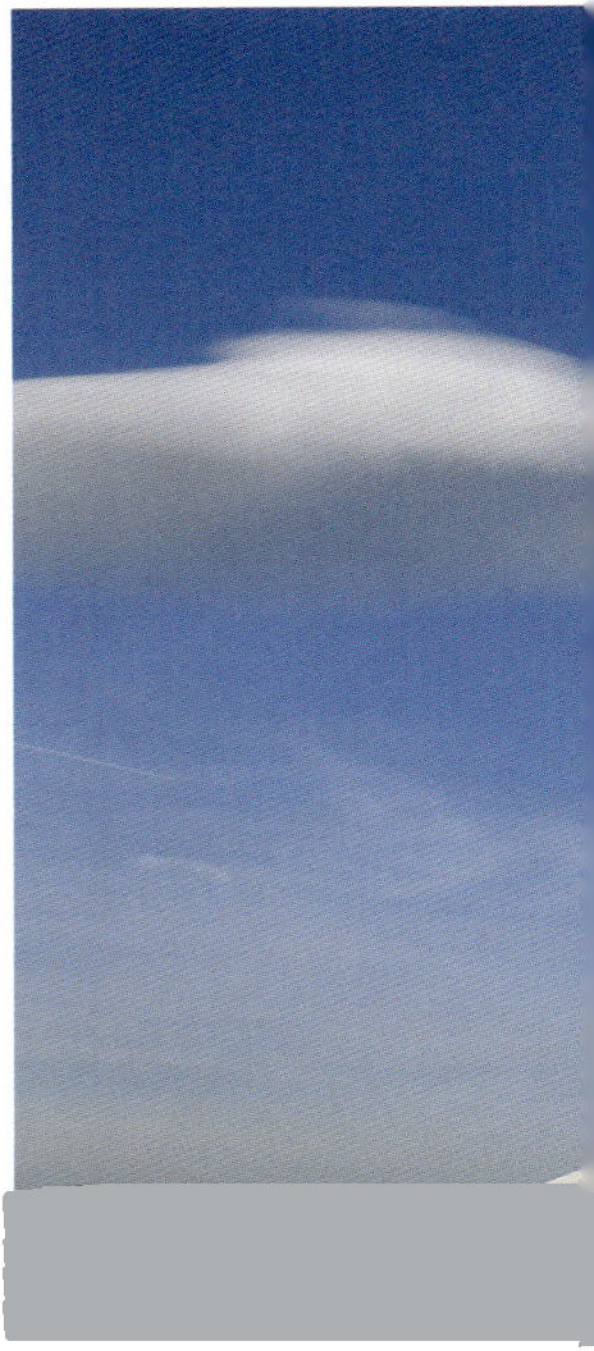

大きなつるし雲。まるで二つのUFO？　何の形に見えますか。
3月 AM7:14　山梨県

つるし雲《つるしぐも》

つるし雲は、山から少し離れたところにできます。山を越えて大きく波打った風が上昇しているところに、さらに山を回り込んだ風がぶつかると現れます。

つるし雲も、風向きや強さによって形が変わります。鳥が翼を広げたような形の「つばさつるし」や、円盤の形をした「だえんつるし」といった呼び名もあり、バリエーションがあります。南寄りの湿った風がだんだんに強まると、つるし雲は次第に大きくなりとても迫力ある姿になることがあります。

雲のシースルー

半透明雲《はんとうめいうん》

— *translucidus* (*tr*)

雲の厚みに注目して、薄い雲のことを半透明雲と呼びます。青空や太陽が透けて見えるのが特徴です。厚みのない雲を通して見る空は、昼間は白っぽく、朝や夕方はオレンジや黄色になって幻想的です。

　なかでも、ひつじ雲が半透明雲になったときはたくさんの半透明の羊たちが集まっているような不思議な空となり、目を引きます。ひつじ雲の半透明雲には別名があります。写真を見ていると、まだら模様の空が亀の甲羅に見えてきませんか。そのために亀甲状高積雲《きっこうじょうこうせきうん》と呼ばれることがあります。

Point

典型的な雲よりも薄いと半透明雲、厚いと不透明雲です。

俗称：亀甲状高積雲
注目ポイント：厚さ
空が透けて見えるほど薄い

青空が透けるくらい薄い雲なので、たくさん出ても空は暗くなりません。
4月 PM4:58 神奈川県

きほんの
10種では

空を覆いつくす

不透明雲《ふとうめいうん》

— opacus (op)

雲の厚みに注目して、厚みのある雲を不透明雲と呼びます。不透明雲が出ると太陽は輝きを失い、見えなくなることも。前ページの半透明雲とは正反対の雲です。前ページとこのページの写真を比べてみてください。どちらもひつじ雲ですが、半透明か不透明かによってまったく違う印象になります。不透明雲は、雲に厚みがあってやや灰色、青空はほとんど見えません。

同じ種類の雲でも、雲の厚みによってガラリと印象は変わります。雲の厚みに注目して空を眺めてみるのも面白いです。

Point

雲が不透明雲になってきたら天気は下り坂、半透明雲になってきたら回復傾向にあります。

俗称：—
注目ポイント：厚さ
空や太陽を隠すほど厚い

ぎゅうぎゅうに羊が集まっているみたい！ 10月 PM12:22 東京都

きほんの
10種では

クロスする芸術

二重雲《にじゅううん》

duplicatus (du)

すじ雲の二重雲。カラフルな環天頂アークも一緒に見られました。
10月 PM3:07 東京都

同じ種類の雲が重なり合って並んでいるとき、その雲を二重雲といいます。違う種類の雲が重なっても二重雲とは呼びません。

二重雲は、高さによって風の向きが異なるときにできます。しかし、同じ雲が重なり合う二重雲を見つけるのは難しい場合が多いです。いちばん見つけやすいのはすじ雲の二重雲。風の向きによって形の向きが変わるすじ雲は、写真のようにクロスして見えるため、はっきりとわかります。すじ雲の二重雲が空に広く出ると、雲の織物を広げたような美しさです。

俗称：重なり雲
注目ポイント：ならび
雲が重なったように並ぶ

右下、二重雲になっている部分は光を通さず、灰色に見えます。ひつじ雲の二重雲。
12月 AM10:40 東京都

夕方、下の層の雲が色づいたあと、上の層の雲がオレンジ色に輝きました。
10月 PM5:04 東京都

Point

朝日や夕日に染まる二重雲は高さによって色づき方が次々に変わり、目を楽しませてくれます。

きほんの10種では

理科室に展示したい

肋骨雲《ろっこつうん》

—— *vertebratus (ve)*

すじ雲のうち、まるで骨のような面白い形をした雲を肋骨雲といいます。真ん中に背骨のように見える太いラインがあり、そこから肋骨のように雲が左右に広がります。そのときによって、背骨がとても太く見えたり、肋骨の片方が短かったり長かったりと様子は少しずつ違いますが、広がり方が特徴的なため、ひと目でわかる雲です。

肋骨雲は、飛行機雲がすじ雲に変わるときにできるのをよく目にします。飛行機雲が長く伸びていたら、肋骨雲に出合うチャンスかもしれません。

今日は飛行機雲がたくさん出ていると思った日、その一つが肋骨雲になりました。
10月AM11:05 東京都

きほんの
10種では

真ん中の背骨の部分が太いバージョン。
8月 AM8:32 東京都

まるで大きな羽根のような形になりました。
10月 PM0:19 東京都

Point

肋骨雲のなかには、下の写真のように、羽根の形になるものもあります。

俗称：羽根雲
注目ポイント：ならび
まるで肋骨のような並び

しっぽが生えたみたい

尾流雲《びりゅううん》

——virga (vir)

うろこ雲に長いしっぽが
できました。
12月 AM8:13 東京都

Point

小さなうろこ雲にできる尾流雲は細くて見つけにくいのですが、気をつけて見ていると結構出合えます。

雲の底からしっぽのようなものが伸びていることがあります。尾流雲といいます。しっぽの正体は雨や雪です。空の上で雨や雪が降っているときに、雨や雪の筋が雲からぶら下がっているように見えるのです。尾流雲から降る雨や雪は、空の途中で蒸発して消えてしまうため、地上には届きません。もしも地上まで降ってきたら、その雲は降水雲（P.138）と呼ばれるようになります。

尾流雲はいろいろな雲の下にできて、長く太いこともあれば、短く細いこともあって、様々な生き物のしっぽのようで面白いです。

下の輪郭がはっきりしない部分が尾流雲です。春の嵐の最後に見られました。雨はやんでいます。
4月 PM2:43 東京都

うね雲に現れたモヤモヤとした尾流雲がもう少しで海に届きそうです。
10月 PM5:20 北海道

きほんの
10種では

俗称：ー
注目ポイント：アクセサリー
雲の下にしっぽ

伸び上がる

塔状雲《とうじょううん》

— *castellanus (cas)*

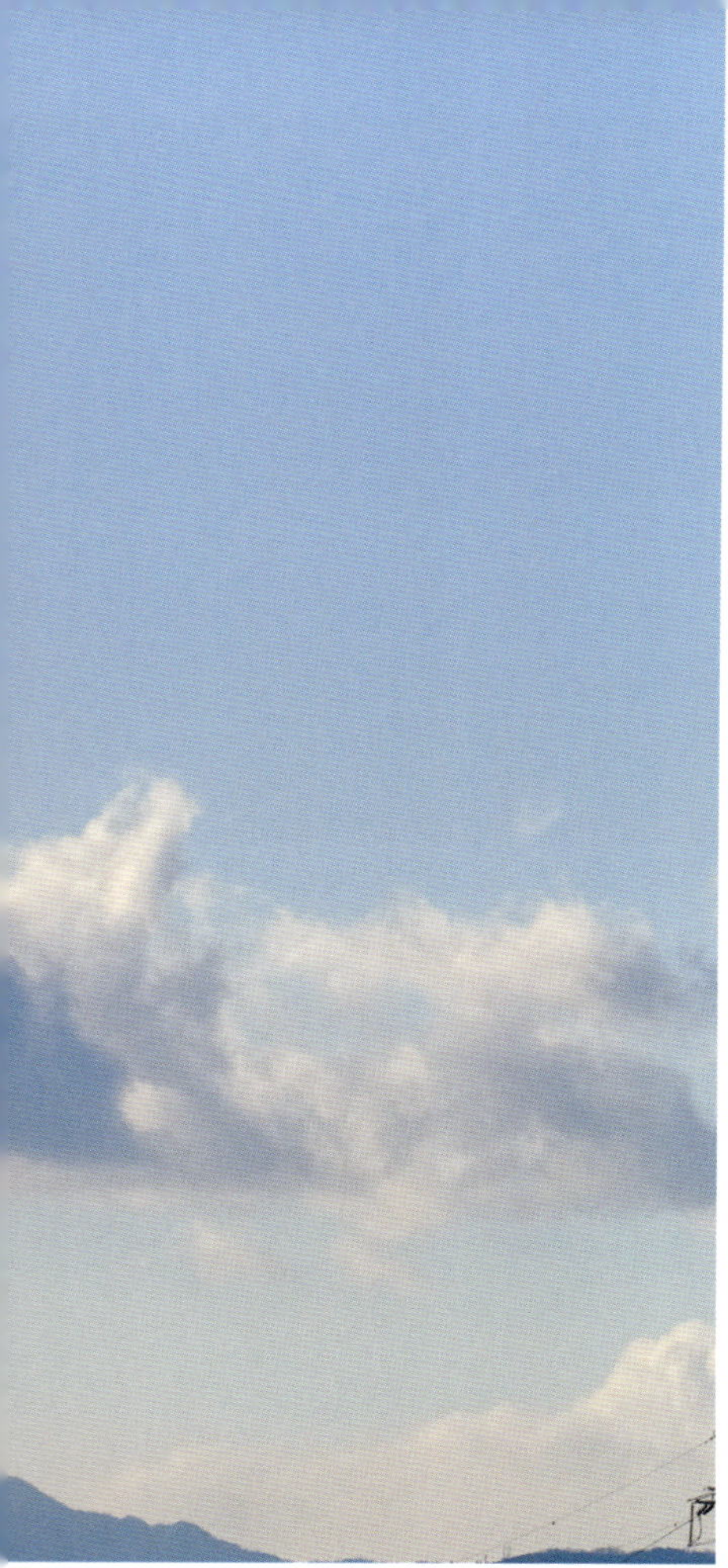

うね雲の塔状雲。ちょっと個性的な帽子のようです。
1月 PM4:31 東京都

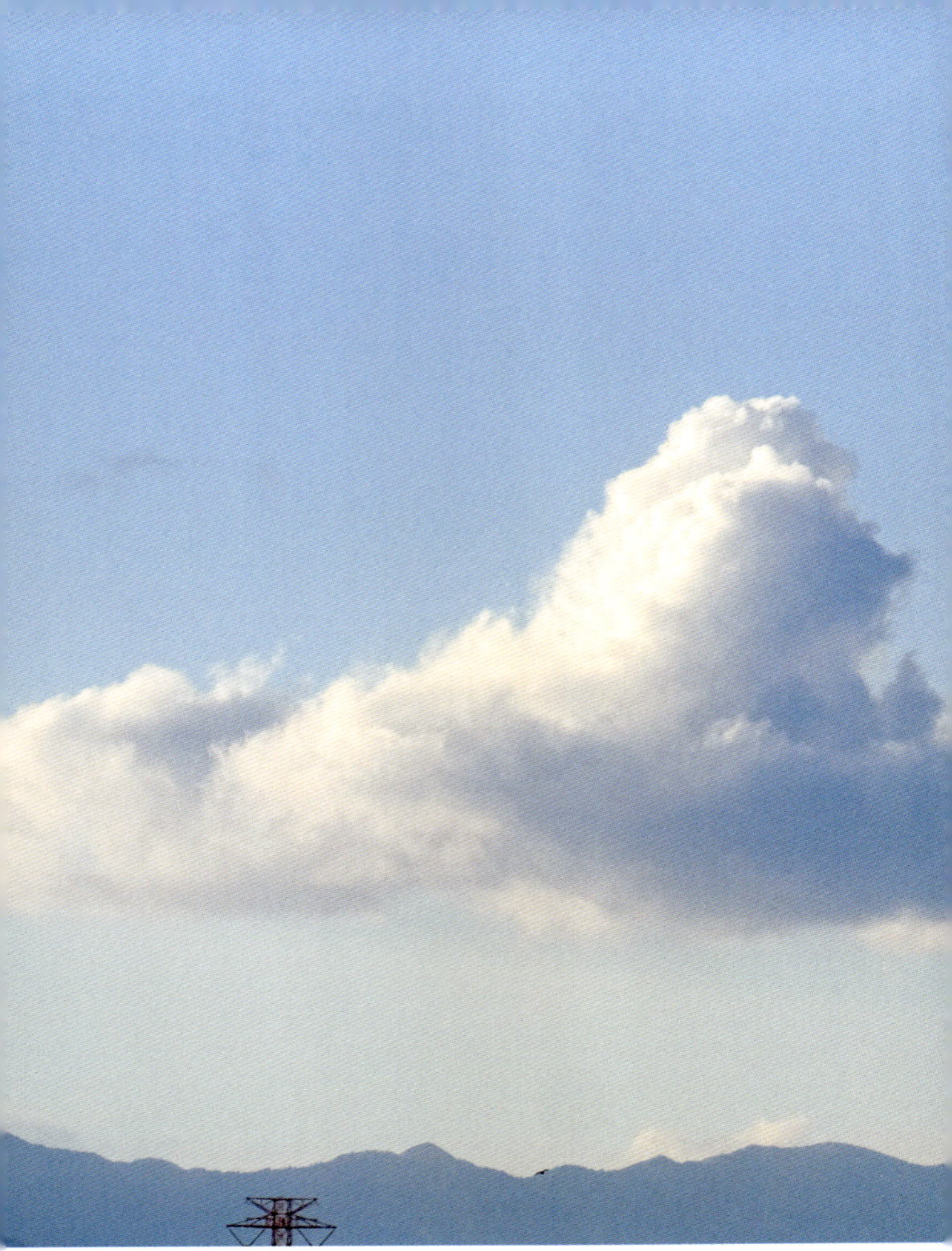

通常の形よりも伸び上がった雲を、塔状雲といいます。うね雲は平たく横に長いのが普通ですが、ときどき写真のように盛り上がることがあります。他の雲に比べ、うね雲の塔状雲は様々な形に盛り上がる姿を見ることができます。

また、うろこ雲やひつじ雲の塔状雲は丸い形が伸び上がることによって、泡立ったような雲になります。同じ塔状雲でも雲の種類によって全く違う形になるのも、不思議を感じるところです。

塔状雲ができるのは、上空に強い寒気が流れ込むなどして、大気の状態が不安定なときです。

雲の豆知識　～塔状雲みたいな雲～

にゅうどう雲やわた雲は対流性の雲で上に大きくなろうとする力があり盛り上がる雲が頻繁にできますが分類上は塔状雲ではありません。

にゅうどう雲にできた、
塔状雲のような雲。
5月 PM3:07 神奈川県

ひつじ雲の塔状雲。輪郭がふわっと外へ広がって、泡立っているようにも見えます。
5月 PM6:30 東京都

俗称：ー
注目ポイント：かたち
上に伸びている

きほんの10種では

すぐ消えてしまう不思議な模様

蜂の巣状雲《はちのすじょううん》

―― *lacunosus (la)*

雲にいくつも穴が開いて、蜂の巣のような模様に見えるときがあります。この雲を蜂の巣状雲と呼びます。レース生地が空に広がっているようにも見えます。

蜂の巣状雲は、雲がだんだんと消えていくときにできることが多いです。雲が薄くなって穴が開き、その穴が広がって次第に雲がなくなっていきます。最後のほうは、つぎはぎのレース生地のようになります。この雲が現れると、曇り空であっても徐々に晴れていくことが多いです。

雲はいまにも消えそうです。彩雲にもなり、カラフルな模様の雲に。9月 AM7:37 東京都

Point

雲が消えていくときに見られるため、天気は回復へ向かうことが多いです。

俗称：ー
注目ポイント：厚さ
雲が薄くなり、蜂の巣のような模様

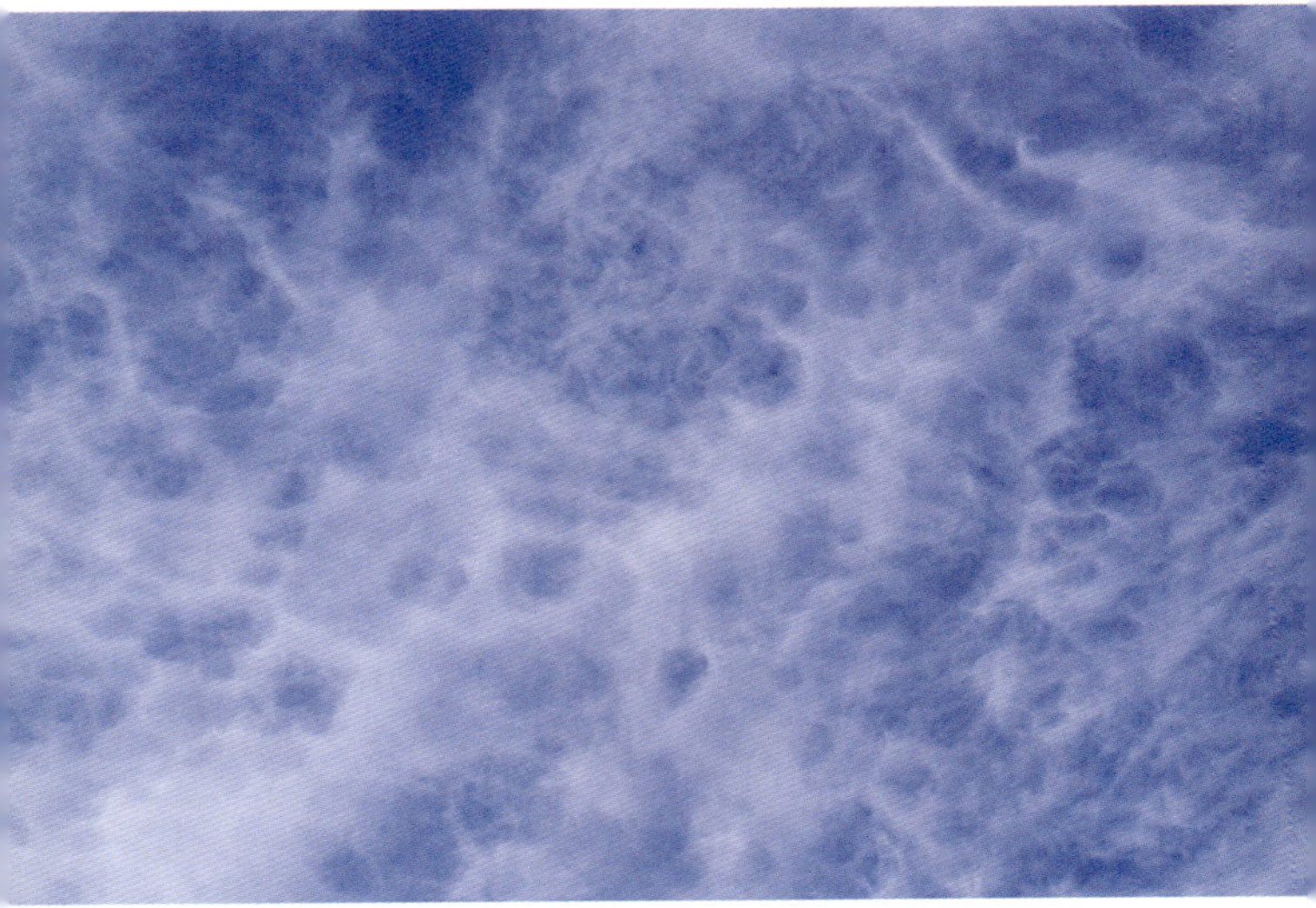

ぼこぼこと大きな穴が開き始めています。
2月 AM11:12 東京都

きほんの10種では

波のような雲

波頭雲《はとううん》

— *fluctus (flu)*

波頭雲（「なみがしらぐも」とも）は波のような不思議な形の雲です。「浪雲《なみぐも》」と呼ばれたり、波の部分が猫の目のように見えるので「キャッツアイ」と呼ばれたりします。「K-H波雲《けるびん・へるむほるつはうん》」と言われたりもしますが、「K-H波」とは「ケルビン-ヘルムホルツ不安定波」の略です。空で、風が急に変化するところに生じる不規則な空気の流れをいいます。この流れが雲として目に見えた状態が、K-H波雲です。風の速さが変わるところで、雲が引っ張られたように波立った形になります。

Point

2017年に新しく国際雲図帳に載った雲の一つです。現在、日本では様々な呼び方があります。

俗称：K-H波雲、浪雲、キャッツアイ
注目ポイント：アクセサリー
波のような形

波頭雲は数分で消えてしまうので、見つけるのが難しい雲です。
10月 AM5:51 千葉県

きほんの10種では

大きなカリフラワー

雄大雲《ゆうだいうん》

—— *congestus (con)*

きほんの10種では

暑い日のわた雲は、扁平雲、並雲、雄大雲と成長するにつれて、だんだんと上に大きくなり、雄大雲まで成長すると、ざっと雨を降らせることがあります。

毎年、青空に向かって広がっていく雄大雲を見ると、いよいよ夏本番の訪れを感じます。雄大雲の特徴である、もこもこと盛り上がるはっき

りとした輪郭には、空に向かって伸びていく大きなパワーを感じます。
　雄大雲は夏だけではなく、冬にもよく見られます。冬になると日本海側に寒気の筋状の雲がやってくるのは有名ですが、この筋状の雲は雄大雲であることが多いのです。

Point

雄大雲まで成長した雲は、積乱雲と同じように「にゅうどう雲」と呼ばれるようになります。

俗称：立ち雲、にゅうどう雲
注目ポイント：かたち
もくもくと大きい

夏の暑い日には雄大雲をよく見かけます。この日は35℃超えの猛暑日でした。
8月 PM1:10 東京都

大きなパワーで成長中

無毛雲《むもううん》

― calvus (cal)

6月PM6:12 東京都

中央よりやや右側にあるのが無毛雲。夕日が当たり、雲のふちが明るく輝きました。

Point

無毛雲はにゅうどう雲の成長期に見られ、一方で多毛雲は最盛期から衰退期によく見られます。

にゅうどう雲のなかでも、雲のてっぺんに丸みがありはっきりとした輪郭をもつものを無毛雲といいます。繊維状に毛羽立つ多毛雲(P.132)とは反対に、無毛雲のてっぺんには毛のようなものはありません。無毛雲は、まだにゅうどう雲の成長途中の段階です。さらにパワーを蓄えて、大きくなる可能性があります。

成長するのが恐ろしい雲である一方、夏の強い日射しに照らされて、丸い雲頂が真っ白に輝く様子は美しいです。

俗称：かみなり雲
注目ポイント：かたち
雲頂に丸みがある

無毛雲のシルエット。突き出た部分は丸く、何かの動物に見える？
9月 PM6:56 沖縄県

きほんの
10種では

これが、にゅうどう雲!?

多毛雲《たもううん》

——capillatus (cap)

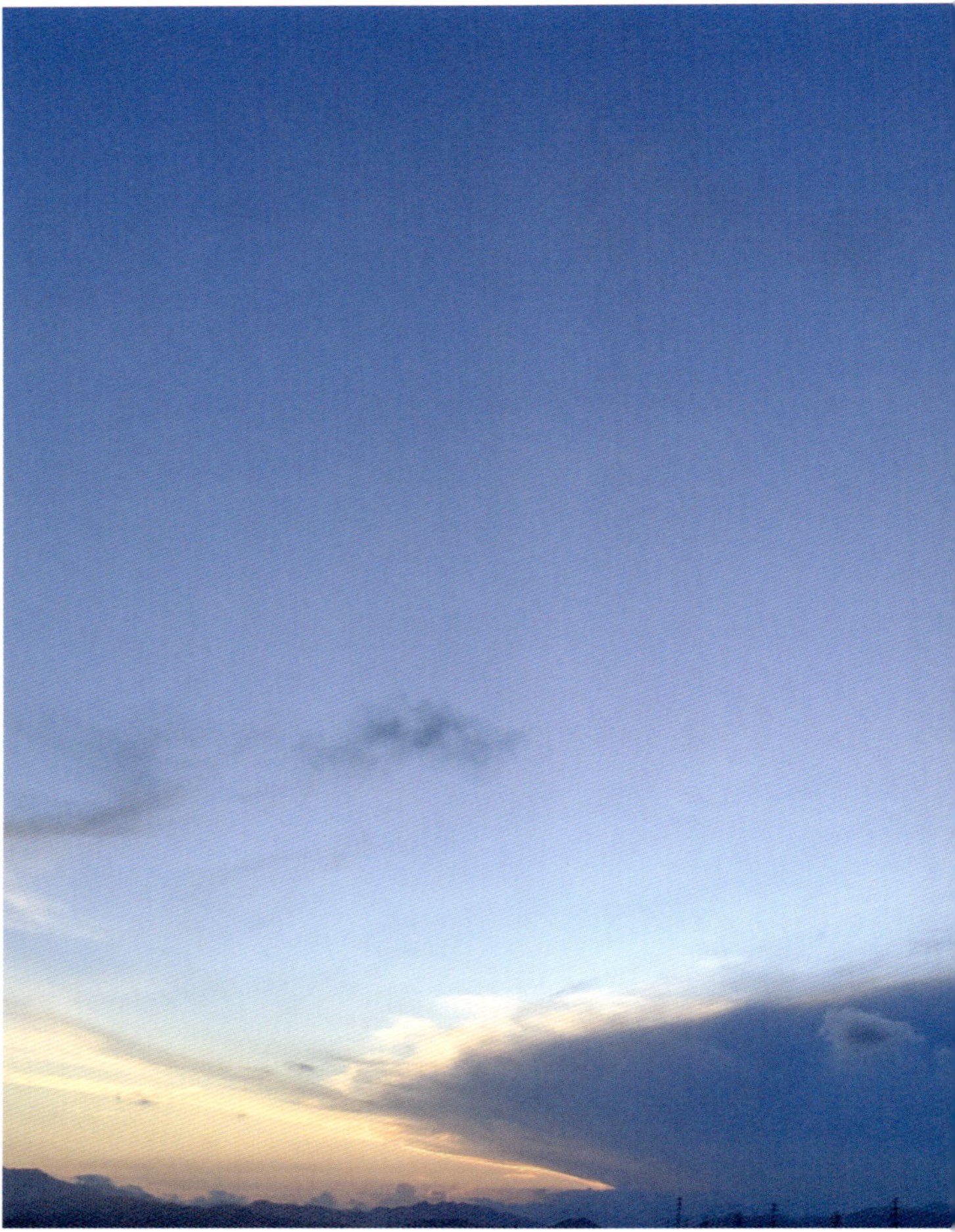

左右に恐ろしく大きく広がった多毛雲。8月PM6:51 東京都

Point

多毛雲の近くに、すじ雲が浮かんでいることがありますが、これは多毛雲のてっぺんが切り離されてすじ雲に変わったものです。

多毛雲は、無毛雲（P.128）とは反対に、雲のてっぺんが繊維状になり毛羽立っているように見えるのが特徴です。

にゅうどう雲は、成長して激しい雨を降らせると次第に形が崩れていきますが、多毛雲は、そのにゅうどう雲の最盛期から衰退期の姿です。すでに形が崩れていることがあり、何だかわからない恐ろしい雲に見えるかもしれません。特に、金床《かなとこ》状に横に大きく広がったにゅうどう雲のてっぺんが毛羽立って多毛雲になると、さらに迫力が増します。

俗称：かみなり雲
注目ポイント：かたち
雲頂が毛羽立っている

中央の大きい雲が多毛雲。右に長く伸びた部分が毛羽立っています。
９月 PM5:02 神奈川県

きほんの
10種では

最も高くそびえたつ

かなとこ雲《かなとこぐも》

—— *incus* (*inc*)

にゅうどう雲のなかでも、上の部分が平らになって横へ広がっているものをかなとこ雲と呼びます。昔ながらの、金属を加工するときに使う台「金床《かなとこ》」の形に似ていることから名づけられました。

雲のできる限界の高さは普通地上から13㎞くらいまでです。それより上では、めったに雲は発生しません。にゅうどう雲が大きく成長し、雲ができる限界の高さに達すると、それ以上は上には広がれないために今度は横へと広がっていき、金床の形になるのです。

俗称：朝顔雲
注目ポイント：アクセサリー
雲の上が平らで横へ伸びている

きほんの10種では

Point

かなとこ雲は大きく個性的な形なので、遠くからすぐに見つけられます。

一日の最後に、かなとこ雲のてっぺんが夕日に染まりました。
8月 PM6:56 富士山中腹

どこで雨が降っている?

降水雲《こうすいうん》

—— *praecipitatio (pra)*

雨や雪を降らせる雲を降水雲といいます。雲の底から雨や雪が降っているのが筋として見え、さらにその筋が地上に到達した状態です。遠くから見て、どこで降水があるのか一目瞭然です。もし雨や雪の筋が地上についていなかったら、それは尾流雲（P.114）と呼ばれます。

降水雲のなかで、いちばん迫力があるのは、なんといってもにゅうどう雲。激しい雨を降らせるので、雨の筋が束になって柱のように見えるのです（雨柱と呼ばれます）。

俗称：雨の脚、しぐれ雲
注目ポイント：アクセサリー
雨の筋が地面に届いている

Point
広く地平線まで見渡せる海上は、降水雲を観察するにはおすすめです。

夕焼けをバックに立派な雨柱が見えました。
9月 PM6:34 沖縄県

きほんの
10種では

たくさんのコブが下がる

乳房雲《にゅうぼううん》

—— *mamma (mam)*

雲の底にボコボコと丸いコブがぶら下がっていたら、乳房雲です。いくつもの丸いコブが牛などの動物の乳房のように見えることから、こう呼ばれるようになりました。

きほんの10種の様々な雲の底にできますが、低い空にできるうね雲の乳房雲がいちばん大きく輪郭もはっきりしていて、すぐに見つけることができるでしょう。写真のように、スキーのモーグルコースのような雲です。にゅうどう雲だけはほかの雲と少し違っていて、雲の頂上が金床状に広がったとき、その下にできます。

Point

荒天の前には、今にも空から落ちてきそうな、とても大きな乳房雲が出現することがあります。

俗称：—

注目ポイント：アクセサリー

たくさんのコブが垂れ下がる

うね雲の乳房雲。色の濃淡で膨らみがわかります。
11月 PM2:14 東京都

きほんの
10種では

空一面のシアター

層状雲《そうじょううん》

—— *stratiformis (str)*

うろこ雲やひつじ雲、うね雲が空一面に広がっているとき、その雲を層状雲と呼びます。これらの雲は、だいたいは空の一部分に出ることのほうが多いのですが、ときどき空全体に広がります。空が広く見える場所で、頭の上をぐるりと見渡したときに同じ種類の雲がどこまでも広がる様子は圧巻です。

特に海や高台では空全体が見渡せるので、層状雲の観察に適しています。空の隅々まで雲片がきれいに並ぶ層状雲は一年に何度も見られないので、出合えたらラッキーです。

うろこ雲の層状雲。写真に入らないほど遠くまでびっしりと並びました。
8月 AM8:18 大阪府

俗称： くもり雲
注目ポイント： かたち
シート状に広がる

Point

空の一部ではなく、全体に広がるときに層状雲と呼ばれます。

レンガを敷きつめたようになりました。ひつじ雲の層状雲。
10月 PM2:34 東京都

きほんの10種では

まるでベレー帽

頭巾雲《ずきんぐも》

—*pileus (pil)*

雲のてっぺんに帽子のようなものをのせた雲を頭巾雲といいます。ドーム状の形はまるでベレー帽のようです。頭巾雲は、発達中のわた雲やにゅうどう雲のてっぺんに出現します。現れるのは数分程度で、すぐに消えてしまうこともあるレアな雲なのです。時々、頭巾雲が横に大きく広がるとベール雲（P.146）

よく見ると、左右に二つの頭巾雲。
ベール雲になりかけています
8月 PM4:40 大阪府

俗称： かつぎ雲
注目ポイント： アクセサリー
頭巾のような雲がのっている

になります。
頭巾雲は、上へと成長しようとする力が強くなったときに現れます。頭巾雲が現れた雲はさらにパワーアップし、激しい雨や落雷、雹などをもたらすおそれがあります。

きほんの
10種では

Point

雲が帽子をかぶったようでかわいらしく見えますが、実際は激しい荒天をもたらす恐れがある怖い雲です。

強大なパワーがみなぎる

ベール雲《べーるぐも》

— *velum (vel)*

白い大きな布が覆いかぶさっているような雲を、ベール雲と呼びます。頭巾雲（P.144）の頭巾の部分が横に大きく広がったり、いくつかの雲がつながったりしてベール雲になることが多いです。そのため頭巾雲と同様に、大きくなったわた雲である雄大雲（P.126）やにゅうどう雲のてっぺんにできます。雲のてっぺんが上に伸びる力があまりにも強いと、ベールの部分を突き抜けて雲本体が成長し、襟巻のようになるので襟巻雲《えりまきぐも》と呼ぶこともあります。

俗称：かつぎ雲、襟巻雲
注目ポイント：アクセサリー
上をベールのような雲が覆う

Point

ベール雲のてっぺんは空高くにあることが多く、最後まで夕日が当たります。暗くなり始めた空に不気味に浮かび上がって見えます。

残暑厳しい日に。夕日に染まったベール雲が見えました。遠くでは雷も鳴っています。
9月 PM5:48 東京都

きほんの
10種では

突然現れる不思議な隙間

穴あき雲《あなあきぐも》

—— *cavum (cav)*

空

全体に雲が広がっているとき、一部分にぽっかりと穴が開いた状態を、穴あき雲と呼びます。空にうろこ雲やひつじ雲が広がっているときや、ごくたまにうね雲が広がっているときに出現します。よく見ると、写真のように穴の中にすじ雲が出ていることが多いです。

雲の水の粒が、そこだけ氷の粒に

変わるときにだけ見られる珍しい現象で、何年も空を狙ってようやく撮れた写真です。大規模な穴あき雲が出現するのはまれです。

俗称：ホールパンチ雲
注目ポイント：アクセサリー
広がる雲に穴が開いている

Point

穴あき雲は、いくつか小さな穴が開いたり、上の写真の何倍もある大きな穴になったりします。

よく見ると、中にはうっすらとすじ雲が。
5月 PM5:18 大阪府

きほんの
10種では

危険な雲に豹変することも

漏斗雲《ろうとぐも》

—— tuba (tub)

黒い雲の底にひょろひょろとしっぽのような雲が見えたら、漏斗雲かもしれません。滅多に見られませんが、全体は細長い形であることが多く、よく見ると上のほうが太くて下は細くなっています。実はこの垂れ下がった雲は渦を巻いていて、地面まで到達すると「竜巻」になる怖い雲なのです。

通常、漏斗雲はすぐに消えてしまうことが多く、遠くにあるときはラッパを上に向けたような形を楽しめます。ときどき地面に達して竜巻となって猛威を振るうので、十分に注意が必要です。

Point

漏斗雲は、台風が近づいているときや、上空に強い寒気がやってくるときに出現しやすいです。

俗称：—
注目ポイント：アクセサリー
細い雲が垂れ下がる

台風が近づき、大気はとても不安定な状態でした。
9月 PM12:32 長野県

きほんの
10種では

大空に描かれる軌跡

飛行機雲《ひこうきぐも》

今や私たちにとって身近な雲の一つですが、まだ飛行機がない時代には存在しなかった雲です。飛行機の排気ガスに含まれる水蒸気とちりが冷やされて氷の雲粒ができ、空を飛ぶ飛行機の軌跡を描きます。

よく知られているのが、飛行機雲で天気を予想するというものです。上空が乾燥していると氷の雲粒が蒸発して、飛行機雲はすぐに消えます。ところが上空が湿っていると飛行機雲は長く残り、空ににじむように広がっていきます。そのことから「飛行機雲がすぐに消えると晴れ続き」「飛行機雲が長く太くなると天気は下り坂」と言われます。空に残った飛行機雲は、時間の経過とともにうろこ雲やうす雲に変化していくことがあります。

飛行機雲が長く残り、時間とともに太くなっていきました。
雨が近いサインです。
10月 AM11:13 沖縄県

Point

飛行機雲は2017年版の国際雲図帳でようやく正式な雲として登録されました。

空高くにできる飛行機雲には最後まで夕日が当たります。暗くなり始めた空を背景に赤く染まる様子が美しいです。
11月 PM4:45千葉県

俗称：—
注目ポイント：—
スペシャルクラウド*

きほんの10種では

＊スペシャルクラウドとは、普通の雲の発生とは異なるメカニズムでできる雲です。

雲の豆知識　～消滅飛行機雲～

飛行機は雲をつくることもあれば、消すこともあります。飛行機が雲の中を通過すると、エンジンから出た熱やかく乱などが原因で、その部分だけ雲が消えることがあります。これは消滅飛行機雲と呼ばれます。

12月 AM8:45 東京都

危険を知らせる黒いしっぽ

尻尾雲《しっぽぐも》（テイルクラウド）

— *Cauda (Cau)*

尻尾雲は、「スーパーセル」と呼ばれる巨大なにゅうどう雲の底にできる雲の一つです。真っ黒で水平方向に細長く伸びます。普通、にゅうどう雲の寿命は1時間ほどですが、スーパーセルは数時間持続するものもあり、ゲリラ雷雨や竜巻、突風をもたらします。尻尾雲の近くでは非常に強い下降流も生じていて危険です。

9月 PM1:03 茨城県

きほんの10種では

注目ポイント：アクセサリー
黒く細い雲が横に伸びる

荒波のようで不気味

荒底雲《こうていうん》（アスペラトゥス雲）

―― Asperitas(Asp)

底がうねったような形の雲。天変地異の前触れのようだという人もいるくらい不気味です。アスペラトゥス波状雲とも呼ばれますが、普通の波状雲が等間隔の波状であるのに対し、この雲は無秩序な模様に見えるのが特徴です。

4月 PM3:41 千葉県

きほんの10種では

注目ポイント：アクセサリー
荒波のような雲底

熱い場所にできる雲

熱対流雲《ねつたいりゅううん》

— *Flammagenitus*

森林火災や火山活動により生じる雲。大規模な野焼きや工場の煙突から放出される熱など、人工的な条件によりできることもあります。普通の雲とは成因が異なり、ある一定の場所が熱せられることで、空気が上昇して雲ができます。雲はわた雲やにゅうどう雲となり、ときには雨を降らせるまでに成長します。

3月 AM11:25 群馬県

きほんの10種では

注目ポイント： —

スペシャルクラウド*

緑豊かなところで発生

森林蒸散雲《しんりんじょうさんうん》

— *Silvagenitus*

木々が生い茂ったところでは、空気がしっとりしているように感じられることがあります。それは木々が水分を蓄えて、葉などから水分が蒸発しているからです。このように木々からの水分が蒸発した結果、きり雲ができることがあります。

9月 AM11:44 富山県

きほんの10種では

注目ポイント：—

スペシャルクラウド*

*スペシャルクラウドとは、普通の雲の発生とは異なるメカニズムでできる雲です。

色とりどりに浮かぶ

彩雲《さいうん》

月の彩雲です。三日月の光は弱いですが、よく観察すると彩雲を見つけられることがあります。夜は昼の彩雲よりも幻想的で、別の美しさがあります。
10月 PM7:29 沖縄県

彩雲は雲が色づいて見える現象です。写真のように複数の色が見られる場合もあれば、1～2色の場合もあります。太陽（月）の光が雲の粒と粒の間を通るとき、回折によって曲がった光が干渉し合うことで、雲に色がついたように見えます。

彩雲になるのは水の粒でできた雲です。特にうろこ雲やひつじ雲に多く、わた雲やうね雲の場合は輪郭だけが色づくことがあります。そういった雲を見つけたら、雲が太陽の近くを通るのを待つのがおすすめです。彩雲は、よく空を眺めていればときどき出合うことができます。

空気の澄んだ冬は、彩雲がより色鮮やかに。雲が動くと色合いが次々と変わっていきます。2月 PM2:25 千葉県

雲の豆知識
～雲を学ぶ上で知っておきたいワード①～

回折《かいせつ》：波が障害物の隙間を通るときに曲がり、後ろ側に回り込んで伝わる現象。光波や音波、水面波などに見られる。

干渉《かんしょう》：波が重なり合って、強め合ったり打ち消し合ったりする現象。

カラフルな円盤

光環《こうかん》

光環は、太陽（月）の周りに環が現れる現象です。光環も光の回折と干渉によって、水の粒からなる雲にできます。雲の粒の大きさがそろっているときほど、鮮やかな同心円状の環になります。うろこ雲やひつじ雲に現れることが多く、きり雲が広がるときにも見られます。

一方、春に太陽の近くに雲がないのに光環が出ていた場合、花粉光環の可能性があります。これは大量に飛散した花粉が、雲の粒と同じ役目を果たして光環ができる現象です。

花粉光環が鮮やかに見える日は、花粉が多く飛んでいる合図。見ているだけで目や鼻がムズムズしてきそうです。
2月 AM10:59 東京都

梅雨の晴れ間には様々な雲が出るので、光環をつくる雲の出るチャンスが多いです。雲の流れが速いと、光環もあっという間に消えてしまいます。
6月 AM10:22 東京都

Point

昼間の彩雲や光環を見るときは、太陽を直視すると目を傷めてしまうので、太陽は手や本などで隠して観察してみてください。

輝く光のリング

日暈《ひがさ》

日暈を一部分だけ拡大して
撮影しました。内側が赤、
外側が青色に輝いています。
5月 PM1:57 東京都

太陽（月）の周りをぐるりと囲むようにできる光のリング。彩雲や光環とは異なり、日暈は水ではなく氷の粒でできた雲によってできます。太陽（月）の光が、氷の粒の中に入るときと出るときに曲がる屈折という現象が起こり、光のリングが現れます。そのため、氷の粒でできたうす雲やすじ雲が広がるときが、日暈を観察するチャンスです。よく「日暈は天気が下り坂のサイン」といわれますが、逆に雲がだんだんと薄くなって天気が回復するときにも見られます。

雲の豆知識
～雲を学ぶ上で知っておきたいワード②～

屈折：光波や音波が違う物質を進むときに境目で曲がる現象。

日暈は部分的に出ることも多いので、きれいなリング状の光に出合えるとうれしくなります。3月 AM11:42 東京都

太陽が複数ある!?

幻日《げんじつ》

幻日は、太陽から少し離れたところに現れる光の輝きです。日暈の仲間で、氷の粒の雲で光が屈折してできます。

空のごく一部がわずかに光って見えることが多いのですが、まれに強い輝きとなり、まるで太陽がもう一つあるように見えるため、幻日という名前がついています。特に、すじ雲にできる幻日は明るく輝くことが多いです。

幻日もよく見ると色がついていることがあります。このように、雲の一部分だけがわずかに光っていることが多いです。
1月 PM4:00 東京都

幻日が見られるのは、太陽高度が低い朝や夕方です。太陽の左右に現れる場合と、片方のみに現れる場合があります。おおよそ太陽からひらいた手一つ分、離れたところに見つけることができます。

Point

日暈の仲間には、幻日以外にもたくさんの種類があります。すじ雲やうす雲が出ている日は空を見渡してみてください。驚くような美しい光の現象に出合えるかもしれません。

山の上は空気が澄んで、驚くほど美しい幻日が見られました。9月 PM4:43 長野県

秋になって太陽高度も低くなってきたので、昼すぎでも環天頂アークを見ることができました。
10月 PM2:55 東京都

空高くに虹？

環天頂アーク《かんてんちょうあーく》

環天頂アークは虹を逆さまにしたように見える光の現象で、「逆さ虹」の別名をもちます。氷の粒でできた、すじ雲やうす雲などに光が屈折してできるので、実は虹ではなく日暈の仲間です。

空の上のほうにできるので、太陽高度が低い朝や夕方が観察のチャンスです。頻繁に空を見上げていないと出合えないレアな現象ですが、日暈や幻日が一緒に空に出現して、トリプルで楽しめることもあります。

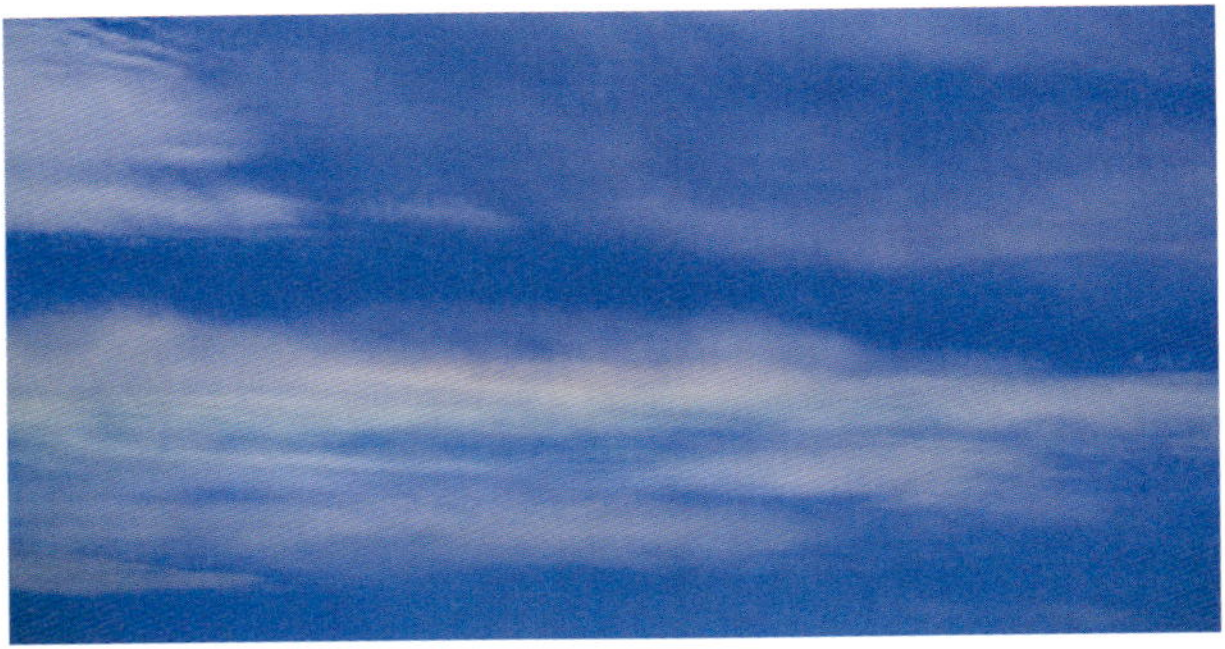

環水平アークは低い空に出るので、鮮やかに出現するとすぐに見つけられます。
4月 AM11:35 東京都

ここにも虹色

環水平アーク《かんすいへいあーく》

環水平アークは太陽よりも下のほうに、やや弧を描いて横に伸びるように現れます。まるで虹が水平に出ているようなので「水平虹」と呼ばれることもありますが、環天頂アークと同じで、虹ではなく日暈の仲間です。

環水平アークが見られるのは太陽高度が高い日中で、特に4月から8月頃に現れることが多いです。一部分だけしか出なかったりうっすらとしか見えないことも多いので、くっきりと色鮮やかに出現したらラッキーです。

大空の架け橋

虹《にじ》

雲から降る雨粒に太陽の光が反射・屈折すると、虹が現れます。虹を見つけるポイントは太陽を背にして立つこと。虹は太陽と反対の空に出るからです。そのため太陽を背にすることのできない太陽高度の高い昼は、虹は見つけられません（冬は太陽が低いので、昼でも虹が見られることがあります）。

よく「雨上がりの虹」といいますが、それが当てはまるのは夕方のことが多いです。夕方は太陽が西にあるので、虹は東に出ます。天気は西から東へと変わり、虹が出ているところにある雨雲は東へと去ったあとです。逆に、朝は太陽が東、虹は西にあるので、虹が出ているところにある雨雲はこれからやってくることが多く朝虹は雨が近いサインです。

Point

冬は太陽高度が低いので、昼間でも低い空に虹が出ることがあります。低い空にかかる虹を見つけるには、展望台など高いところに行くとよいでしょう。

朝、目覚めたら美しい虹がかかっていました。このあと雨になりました。
8月 AM6:19 東京都

雲の隙間から広がる光

薄明光線《はくめいこうせん》

海は空が広く見えて、大きく広がる薄明光線の様子がよくわかります。
9月 PM6:34 沖縄県

雲が太陽を隠すと、雲の間から光線が広がります。これを薄明光線といいます（光芒《こうぼう》と呼ばれることも）。それほど珍しい現象ではなく、簡単に観察できるのがポイントです。どの季節でも時間を問わずに見ることができます。

薄明光線は雲の形や太陽の位置などの影響を受け、見かけるごとに様子が異なります。雲の隙間から木漏れ日のように優しく伸びる光のときもあれば、力強く空に大きく広がる光線のときもあります。なかでも夏の夕方に、にゅうどう雲の隙間から見られる薄明光線ははっきりと見えて魅力的です。西の空でにゅうどう雲が大きく成長していたら、日が沈むときに素晴らしい薄明光線に出合えるかもしれません。

日射しが強くなると、雲も光線もダイナミックに。
4月 PM3:58 東京都

一点に集まる光

反薄明光線《はんはくめいこうせん》

薄明光線の光が長く伸び、空の上を通って反対の空まで届いたものが反薄明光線です。そのため反薄明光線は薄明光線とは逆に、朝は西の空、夕方は東の空に出ます。反薄明光線は光が空の一点に集束するように見えるのが特徴です。

薄明光線や反薄明光線は空を分けるような光なので、「天《てん》割《わ》れ」と呼ばれることがあります。薄暗い空に輝く、朝日や夕日の色の光線は壮麗です。

反対側の空には大きなにゅうどう雲でできた薄明光線が出ていました。
8月 PM6:56 東京都

光のカーテン

天使の梯子《てんしのはしご》

薄明光線のうち、光が下に向かって降り注ぐものを「天使の梯子」と呼ぶことがあります。

特によく見られるのは、たくさんのうね雲が空を覆っているとき。うね雲のわずかな隙間から光がこぼれ、天使の梯子が空に現れます。これが出ると、空にまるで光のカーテンがかかったようで、曇り空が美しく輝きます。

飛行機の離陸時には、天使の梯子を間近に見られることがあります。
10月 PM3:19 飛行機

story 3

季節の雲

実は雲にも季節があります。
季節の風に運ばれて、
私たちの頭の上にやってくるのは
どんな雲でしょうか。
雲の変化で季節の移ろいを感じるのもまた一興。
四季の雲を探しに、扉を開けてみましょう。

春にときめく雲風景

春は低気圧と高気圧が交互にやってきて、晴れの天気が長く続きません。2〜3日に一度は雲が空を覆い、その雲が変わっていく様子を楽しめる季節です。なかでも、うす雲が広がったときは、空はベールがかかったような優しい色合いになり、幻想的な「朧月」や「春霞」の空をつくります。

春の終わりになると梅雨前線が北上し、雨の季節へと移ります。あまり雲に覆われる日が多いですが、梅雨の晴れ間には多様な雲が現れて観察を楽しませてくれます。

view 1 花曇《はなぐも》り

空に広がる雲が、うす雲からおぼろ雲、そしてあま雲へと変化していくと、雨が降り出します。桜が咲く時期の雲が多い空を「花曇り」と呼びます。

3月 PM2:51 東京都

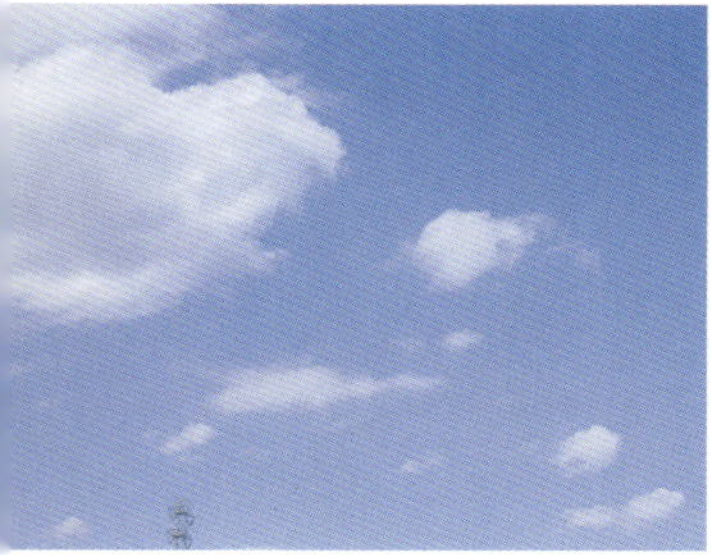
3月 PM1:13 東京都

view 2 小さなわた雲

暖かくなるとわた雲が空のところどころに浮かびます。日射しがそれほど強くはないので、夏のような大きなわた雲にはなりません。春爛漫の暖かな日に、空にふんわりと浮かぶ小さなわた雲を眺めるのも、春の空の楽しみです。

view 3 問答雲《もんどうぐも》

梅雨前線の近くでは、多種多様な雲が出ます。この写真では、ひつじ雲やうろこ雲、すじ雲、大きくなったわた雲が一緒に見られます。様々な高さに異なる雲がそれぞれ違った方向へ動いているとき、それらの雲を問答雲と呼びます。

5月 PM2:18 鹿児島県

view 4 朧月《おぼろづき》

夜にうす雲が広がって輪郭が不明瞭となった月や、おぼろ雲がかかって弱い光しか見えない月を、朧月と呼びます。

5月 PM7:30 東京都

view 5 春霞《はるがすみ》

春霞の空をつくるのは、うす雲のほかに暖かくなって増えた空気中の水分、ちり、ほこり、花粉などがあります。霞んだ日の夕空は幻想的です。

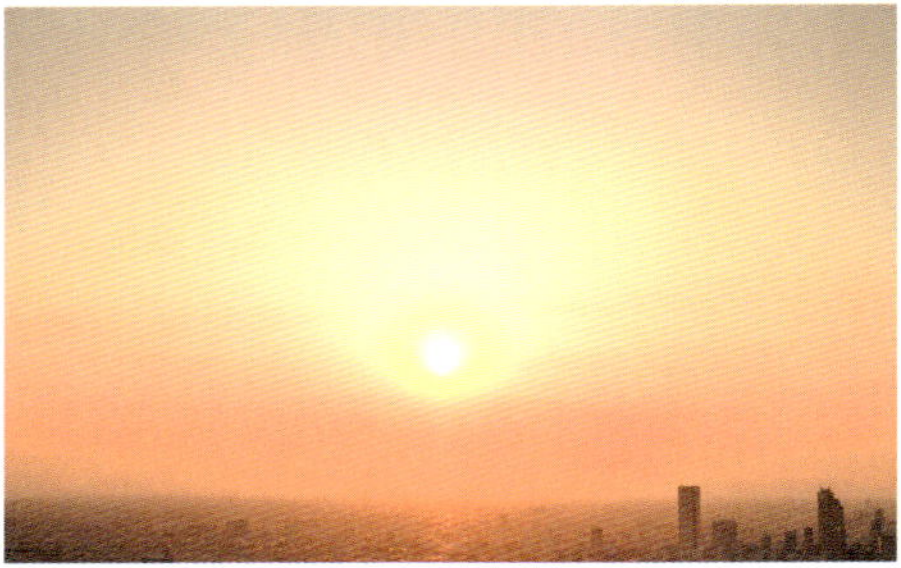

5月 PM6:17 東京都

夏にときめく雲風景

夏は高温多湿な小笠原気団が優勢となり、湿気たっぷりの空気と強い日射しによって、雲が次々に大きくなります。特に、青い空にそびえるにゅうどう雲は力強く、まるで生き物のように成長していきます。

太陽高度の高い夏は日の入りが遅く、夕景をゆっくり楽しめるのが魅力です。湿気の多い空が色濃く鮮やかな夕焼けをつくり、雲を赤や黄色に美しく染めます。

お盆を過ぎる頃になると空高くに秋の雲が現れ始め、空が夏から徐々に秋へとゆきあう季節がやってきます。

6月 PM6:34 東京都

view 1 夕立雲

夕方にざっと強い雨を降らせることがあるので、にゅうどう雲は「夕立雲」と呼ばれることがあります。街中に現れると、建物と比べて雲がとても大きいのがわかります。

view 2 積《つ》み雲《ぐも》

暑い日は、わた雲が早く成長します。夏にカメラのタイムラプスでわた雲を撮影すると、グングンと成長する様子が観察できます。わた雲は積み上がるように大きくなるので「積み雲」とも呼ばれます。

8月 PM4:40 長野県

view 3 夕焼け雲

夕焼け雲はどの季節でも見られますが、特に美しいのは夏。夏には色濃くダイナミックな夕空になります。ゆっくりと染まっていく空を遅くまで眺めるのはとても贅沢な時間です。

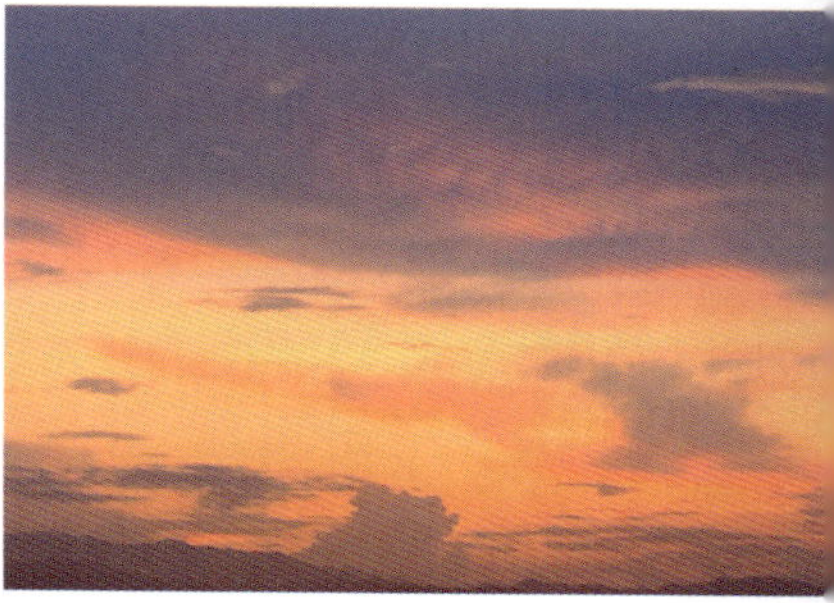

8月 PM7:04 東京都

9月 PM5:21飛行機の窓から

view 4 ゆきあいの空

夏も終わりに近づくと、空の高いところに秋のすじ雲やうろこ雲が現れ始めます。夏のにゅうどう雲と秋の雲が一緒に出ている空を「ゆきあいの空」といいます。夏と秋の季節が行き合う時期に見られます。

秋にときめく雲風景

秋は偏西風が強まることで、すじ雲やうろこ雲、ひつじ雲といった様々な雲が空に浮かびます。爽やかな秋晴れの日には、高い空に多様な形の雲を見つけて楽しむことができます。

朝、晩の気温が下がり始めると発生する、雲がつくる海のような景色「雲海」も見逃せません。

秋は時々台風が襲来したり、秋雨前線が停滞して大雨になったりと不安定な天気になりがちですが、ときにはっと驚くような美しい雲に出合える季節です。

10月 PM4:53東京都

view 1 秋雨前線

ぶり返す夏の空気と、秋の空気の間に形成されるのが秋雨前線です。秋雨前線が停滞すると、梅雨ほど長い期間ではありませんが、雨が続きます。

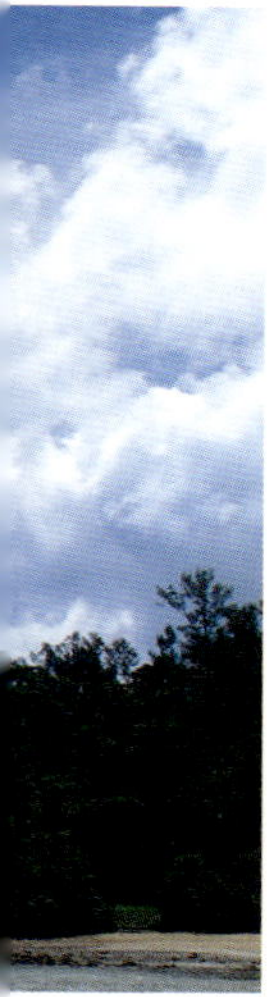

view 2 ひつじ雲とうろこ雲

秋の代名格ともいわれるこの雲たちを頻繁に見るようになると、ようやく残暑も落ち着いて、秋の爽やかな空気を感じられるようになります。

10月 PM3:25 千葉県

view 3 雲海

雲海は、きり雲やうね雲が海のように広がる光景です。山の上など高いところから見ることができます。雲海が出やすいのは、寒い日の朝。特に晴れた日の朝は放射冷却が強まり寒くなるため、雲海日和となります。

11月 PM2:45 富士山中腹

すじ雲とわた雲 9月 AM11:20 沖縄県

真っ赤な夕焼け
10月 PM4:43東京都

view 4 台風

台風の前後には様々な雲が現れます。やって来る前は、台風から吹き出すように上空をすじ雲が流れ、下の空ではわた雲が速く動いていきます。また、前後の夕焼け雲は、怖いくらいに真っ赤になることがあります。台風がもちこむ大量の湿気が原因です。

冬にときめく雲風景

日本列島の中央には大きな山脈があるため、冬に出る雲は、日本海側と太平洋側で大きく異なります。西高東低の典型的な冬型の気圧配置のとき、日本海側ではどんよりとして厚みのある雲が空を覆い、雪が降り続きます。一方で太平洋側は晴れが続くことが多く、晴れた空のところどころに小さな雲片が浮かびます。

冬も、雲の観察をするのが楽しい季節です。特に冬晴れの日は寒いものの、空気は澄んで空は美しく、雲の観察に適しています。

view 1 太平洋側の雲

強い北風で形の崩れた雲が、断片雲となって空のところどころに浮かびます。冬晴れの日は雲が少ないので、小さな断片雲が空のアクセントになります。冬の夕時には美しい空の色のグラデーションが見られます。

11月 PM4:20 神奈川県

2月 AM11:34 岐阜県

view 2 日本海側の雲

冬になると日本海から次々と雲がやってきて、空を覆います。日本海側の雪の降り方は断続的なことが多く、雪が一瞬やむと、雲の隙間から晴れ間がのぞくことがあります。

1月 AM10:14　東京都

view 3　ゆき雲

空を見上げると、普段よりも輪郭がもやもやとした雲に出合うかもしれません。これは、雪の結晶が空を舞っているからです。これをゆき雲と呼ぶことがあります。気温の低い日によく見られます。空の色をふんわりと柔らかく見せてくれる雲です。

view 4　彩雲《さいうん》

空が澄んだ寒い日には、とても美しい彩雲が見られるかもしれません。彩雲は雲の動きとともに、色のつき方が変わっていきます。

1月 PM2:02　千葉県

雲とのひととき 夕刻の空

色が次々と変わる夕刻の空を背景にして眺める雲は、
昼間とはまた違った格別の美しさがあります。
ここでは、2つの夕刻時の空を紹介します。

ヴィーナスベルト

地平線の近くに帯のように横に広がるピンク色の空の部分をヴィーナスベルトと呼びます。空気の澄んだ冬がこのヴィーナスベルトが最も美しい季節。日が沈んだあと、東の空に見られる色です。日の出前は、反対の西の空に見ることができます。

ブルーモーメント

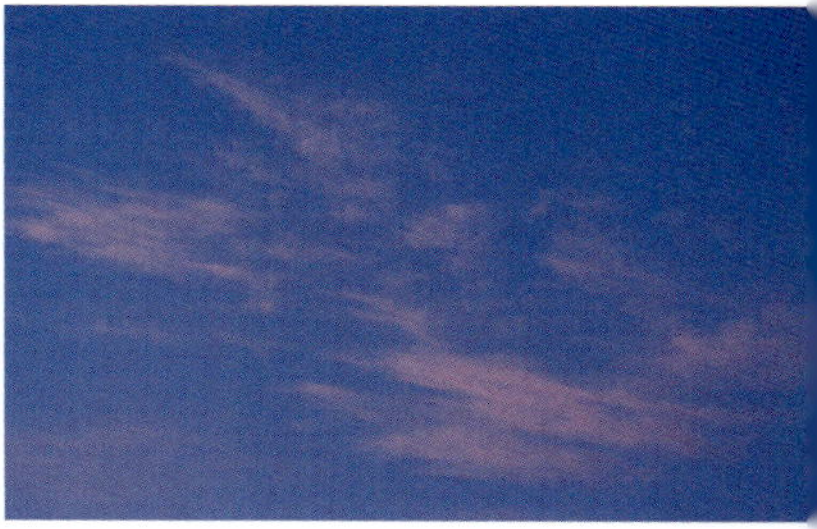

日が沈んでしばらくたつと、空の青が色濃く輝く瞬間があります。ブルーモーメントの空といいます。日が暮れるのが遅い夏は、ブルーモーメントを夕焼け雲とのコントラストとともにゆっくり楽しむことができるでしょう。日の出前にも見ることができます。

story 4

雲を楽しむ

雲は知れば知るほど楽しい存在。
そしてときには
とても美しい光景を見せてくれる存在。
そんな雲を、生活のなかでもっと
身近に感じるために
雲との暮らしを楽しむことができるように
いくつかのコツを紹介します。

かたちを楽しむ

○○な形の雲たち

ふと見上げた空に、動物の形や面白い形の雲が浮かんでいることがあります。不思議な形が面白くて、誰かに見せたくなるような雲。子供の頃に色々な形を見つけたときのワクワクした気持ちを思い出させてくれるような雲。そんな何かに見える、個性豊かな雲たちを紹介します。

パステルカラーの鳥

遠くのほうに、夕日に染まる鳥雲を発見。よく観察すると彩雲になっていました。
8月PM6:04東京都

空に舞い上がる羽根

夕空に大きな羽根雲がフワリ。一日の疲れも吹き飛ぶような軽やかさがあります。
4月PM6:12大阪府

ぷかぷかハート雲

ずっと空を眺めていたら、
ぷかりと浮かぶ小さなハートの雲を見つけました！
6月AM11:11東京都

いいことありそう？ 雲の間にハート

雲の隙間にも注目！ この日は曇り空に突如、ハートの晴れ間が現れました。
9月PM0:37 北海道

雲から飛び出すウサギ！

にゅうどう雲のてっぺんに、ひょっこり！　ウサギが顔を出しました。
5月PM3:12神奈川県

夕空に浮かぶパン！？

夕方、雲が大きなクロワッサンに見えたのは、お腹が空いていた私だけ？
12月PM4:21東京都

撮って楽しむ

雲撮影のコツ

ときめく雲を見つけたら、写真に撮って記録したり、SNSに投稿して誰かと共有したりしたいもの。今はミラーレス一眼レフが普及し、スマートフォンのカメラの性能もよくなって、気軽に写真を撮れるようになりました。しかし、いざ撮ろうとしたとき、雲にピントが思うように合わない、明るすぎたり暗すぎたりして雲がよくわからないなどということが起こりがちです。雲という被写体は、すぐに風に流されてしまうことも多く、カメラの設定に手間取るとシャッターチャンスを逃してしまいます。ピントの合わせ方のコツや色・明るさの設定を知ると、雲を撮るのがとても簡単になります。

★…雲と空の境目　●…遠くの山の稜線

tech 1 ピント

雲の輪郭を見極めてピント調整を

オートフォーカス（AF）を使ってみましょう。雲の輪郭がはっきりしている場合は、雲と空の境目（★）でピントを合わせるとうまくいきます。雲の輪郭がぼんやりとしているときは、遠くにある建物や山の稜線（●）を使ってピントを合わせてから雲を撮ります。必要に応じてマニュアルフォーカス（MF）も併用してみてください。

! 絞りの値（F値）が変更できる場合は、これを大きくすると手前から奥まで広い範囲にピントが合いやすくなります。雲が手前にあって建物が奥にあるときなどに有効です。

tech 2

ホワイトバランス（WB）

空の色に合わせた設定に

ホワイトバランス（WB）の初期設定はオート（AUTO）になっている機種が多いです。空の色を実際とカメラの画面で比べてみて、同じなら設定を変えずに撮りましょう。色が違うなと感じたら、ホワイトバランスを変えてみると解決することが多いです。晴れた日に雲を撮る場合は「晴れ、晴天、太陽光、太陽マーク（機種によって呼び方が少しずつ違います）」に合わせると実際の空の色に近づきます。

ホワイトバランス「晴れ」

ホワイトバランス「日陰」

! スマートフォンのなかには、ホワイトバランスを変えられるものがあります。設定を確認してみてください。

tech 3

露出補正と測光

雲が見えやすい、ほどよい明るさへ調節

雲は明るすぎても暗すぎても輪郭や模様が見えづらくなるので、必要に応じて調節します。露出補正は-1から+1の間で撮るとうまくいくことが多いように感じます。それでもきちんと写らないときは、測光モードを変えてみてください。彩雲などはスポット測光にすると、きれいに撮れる可能性が高くなります。

露出＋2

露出－2

露出0

飛行機から楽しむ

高度1万mから雲を探す

飛行機の窓からは、美しいすじ雲の流れや迫力あるにゅうどう雲を間近に見ることができ、地上から雲を眺めるのとはまた違う楽しさがあります。ここでは、空の旅でよく見られる雲や、雲がつくりだす光景を紹介します。フライトの楽しみにしてみてください。

5月 AM8:41

陸地に沿ってできる雲

陸の上だけに、雲が浮かんでいる光景をよく見ます。陸は海よりも太陽の熱で暖まりやすく、雲ができる要因となる上昇気流が起きやすいためです。

9月 AM10:43

空から見る雲海

あま雲が広がって地上は雨が降っているような日は、空の上では雲海日和。山で見る雲海は下層の雲ですが、飛行機から見る雲海は中層の雲であることが多いです。

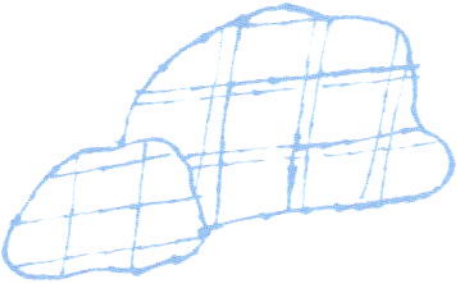

地上に映る雲の影

雲の影が地上に映ることがあります。特に海の上は影の様子がわかりやすく、陸も平らな土地が広がっているような場所だと雲の影がきれいに映ります。

12月 PM12:31

にゅうどう雲のてっぺん

飛行機からは、にゅうどう雲のてっぺんを見ることができます。写真の横に広がっている部分が、にゅうどう雲のいちばん高いところです。

5月 PM6:13

10月 AM12:52

ほかの飛行機の軌跡

ほかの飛行機がつくった飛行機雲を見つけることがあります。空に浮かぶ航路は、地上から見上げるよりも迫力があります。

登山を楽しむ

雲と歩く山

山では、普段地上から見上げるときよりもずっと近い距離で雲と出合えます。手に触れることができそうなくらいの距離に浮かんでいることもあれば、気がついたら雲の中に入っていることもあります。登山の際には、雲の観察も一緒に楽しんでみてはいかがでしょうか。

雲の近くを歩く

高山では、道中や頂上でわた雲が目の前にゆったりと浮かんでいることがあります。雲は形を変えながらすぐ近くを流れていくので、雲と一緒に歩いている気分に。風が強いとき、雲は素早く次々と流れていきます。

9月 AM11:23 燕岳

雲の中に入る

山では、雲の中に入ってしまうことがあります。視界が悪くなるため注意が必要ですが、雲の切れ間では突然絶景が現れたり、日が射した空に虹が現れたり、驚くような景色と出合えることがあります。雲の中に入ると湿度が上がって空気がしっとりするのがわかり、雲が水でできていることが実感できます。

9月 PM4:49 富士山

上と下の雲の間に立つ

いろいろな種類の雲が出ている日には、高山の山頂や道中で写真のような光景が楽しめます。足元にはわた雲などの下層の雲。頭の上にはすじ雲などの上層の雲。ときには、うろこ雲やひつじ雲が出たり、眼下に美しいうね雲などの雲海が広がったりします。

9月 PM3:24 燕岳

読書で楽しむ

雲のブックガイド

この本に掲載した以外にも、雲は様々な方法で楽しむことができます。雲のことをもっと知るための本、雲の写真を本格的に撮影するためのノウハウが解説された本など、ますます雲を好きになること間違いなしの推薦図書を紹介します。

雲をもっと探究したい人へ

雲の研究者の荒木健太郎さんが書いた、より雲に詳しくなれる本。かわいいイラストとともに、雲の専門的な知識から文化的な側面まで、幅広く解説されています。大人も子どもも楽しく雲を学べる一冊です。

『すごすぎる天気の図鑑 雲の超図鑑』
著者/荒木健太郎
KADOKAWA

雲の美しさを味わいたい人へ

元・気象庁予報官の平沼洋司さんによる空のエッセイが、ページをめくるごとに心に響く一冊。薄明から夕焼けまで、美しい空の写真が添えられています。散歩やお出かけにも持ち歩きやすい文庫本です。

『新編　空を見る』
（ちくま文庫）
文/平沼洋司
写真/武田康男
筑摩書房

雲に癒されたい人へ

空の写真家HABUさんが30年かけて撮りためた、空と雲が主役の作品だけを収録した写真集。海外の写真も豊富で、旅をしている気持ちにもなれる一冊。ゆっくりと空を眺めたいとき、雲の美しさを堪能したいときに。

『空は、』
著者/HABU
パイ インターナショナル

親子で雲を楽しみたい人へ

幼児から大人まで楽しめる、美しい雲の写真絵本。雲の名前や特徴を親子で覚えれば、一緒に空を見上げるきっかけになりそう。漢字にはふりがながあり、小学校低学年からは一人でも読むことができます。

『くものなまえ』
文・写真・絵/
荒木健太郎
金の星社

毎日雲や空を楽しみたい人へ

１日１ページずつ読んで楽しめる雲や天気の本。四季折々の話をカラー写真とともに紹介しました。季節の移ろいを感じ、思わず空を眺めたくなるはず。大切な人の誕生日など、好きな日付から開いて読んでみても。

『366日天気のはなし
１日１ページで読む
空と天気の不思議』
著者/菊池真以
玄光社

雲の撮影を究めたい人へ

空の探検家の武田康男さんが実際に撮影した、四季ごとの空や雲の写真とその撮り方を解説した本です。実際に使った機材や設定から、空や雲に出合うためのコツも解説。美しい空や雲の写真集としても楽しめる一冊です。

『四季の空 撮り方
レシピブック』
著者/武田康男
玄光社

色と楽しむ

空の色の辞典

雲を観察していると、季節や時間によって次々と色変わりする空を美しいと感じます。青空と一口に言っても空には様々な青色が存在します。朝や夕方に黄色、橙、赤とグラデーションとなって瞬間ごとに変化する空は、雲を観察する私たちを楽しませてくれます。このコラムでは、空に日本の伝統色を当てはめてみました。色名の解釈には諸説あるものの、空の色を楽しむヒントにしてみてください。

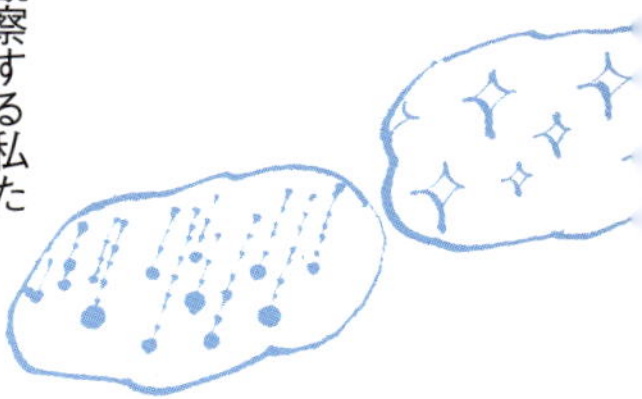

色濃い夏の空

紺碧　konpeki

深みのある濃い青色。日射しの強い夏のよく晴れた日の青空を連想させます。空のほかに海の深く美しい青色の表現にもよく使われます。

7月 AM9:35 北海道

昼間の晴れた空

空色 sorairo

淡く明るい青色。気持ちよく晴れた日の青空のようです。青系の色のなかでは薄く、空気の清々しさまでも感じ取れるような色です。

3月 AM9:28 沖縄県

昼と夜のあいだの空

紅掛空色 benikakesorairo

淡い空色に紅色を重ね合わせた色。もとは染色の手順によって名前がつきました。昼の空に夕日の色が重なった様子にぴったり。

1月 PM4:59 神奈川県

晴天の澄んだ空

天色 amairo

空色よりも濃く、紺碧よりも明るい鮮やかな青色です。雨上がりの澄んだ空を思わせる色合いです。

8月 AM10:02 秋田県

一日のはじまりの空

曙色 akebonoiro

夜明けの東の空の色。オレンジがかった桃色です。東雲色《しののめいろ》と呼ばれることも。空が曙色になる時間は短く、すぐに明るくなります。

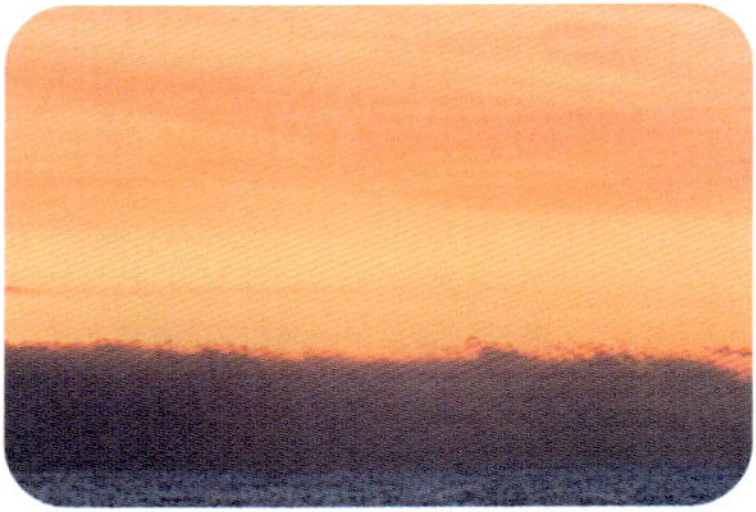

12月 AM6:27 茨城県

合って楽しむ

雲と出合える場所

どこでも見ることができるのが雲のよいところですが、見る場所によって雲の見え方や雰囲気は大きく変わります。雲を見るのに、おすすめの場所をいくつか紹介します。

海と河川敷

気軽さ：★★
空の広さ：★★★
珍しい雲：★

視界を遮るものがほとんどなく、存分に雲観察ができます。季節や時間によって景色も変化をしていくので、何度訪れても面白い場所です。特に海では波が穏やかな日に、雲が水面に映りこむこともあります。

12月 PM1:46 神奈川県

1月 AM7:08 神奈川県

展望台

眺望がよく、街の景色とともに雲を楽しめる場所。建物と比べることで、雲の大きさや高さを実感することができます。展望台からはその街のランドマークが見えることも多いので、一緒に写真を撮るのもおすすめです。

11月 PM2:49 東京都

気軽さ：★★
空の広さ：★★
珍しい雲：★

散歩道

毎日の生活のなかで、空が見えるお気に入りの場所を見つけておくと、面白い雲や美しい雲に出合えるチャンスが増えます。馴染みのある景色と一緒に雲を楽しむのもよいものです。

気軽さ：★★★
空の広さ：★
珍しい雲：★

12月 PM4:01 神奈川県

高原

広大な大地で雲を楽しめる場所。特にわた雲などの低い雲が出ている日には、地面に雲の影が映り、風の流れとともにゆっくりと動く様子を見ることができます。

気軽さ：★
空の広さ：★★★
珍しい雲：★★

10月 PM1:06 奈良県

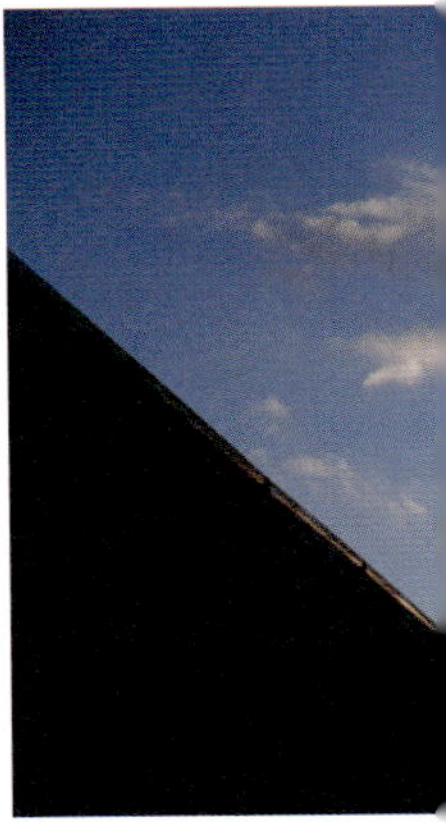

富士山周辺

日本一高い山と雲とのコラボレーションを楽しめるのはもちろん、笠雲やつるし雲など普段ではあまり見ない雲が見つけられることもあります。

気軽さ：★
空の広さ：★★★
珍しい雲：★★★

5月 AM9:47 山梨県

おわりに

気象予報士になって10年以上が経ちました。その間に、コンピュータの予報精度はどんどんと向上し、極端な話をすれば実際に空を見なくても天気を予想できる時代になっています。一方で、普及したSNSでは「こんな雲が出ていました！」「きれいな雲が出ていたから今日はいい日になりそう」などと雲を見るのを楽しんでいる人が多くいることを実感します。上の写真は、8年前に富士山の中腹で撮影したものです。雲って本当に美しいんだなと感じて、当時はカメラの設定もあまりわからずにシャッターを押しました。このときに感じたのが雲へのときめきだと思います。その後、雲の楽しさをいつか伝えたいと思い写真を撮りためてきました。この本が雲を楽しむヒントになれば幸いです。最後に本の製作にあたり、編集者の宇川静さん、

主な参考文献

- 『くものてびき』
  湯山 生 著（クライム気象図書出版）
- 『空の名前』
  高橋健司 著（角川書店）
- 『新・雲のカタログ　空がわかる全種分類図鑑』
  村井昭夫・鵜山義晃 著（草思社）
- 『雲と出会える図鑑』
  武田康男 著（ベレ出版）
- 『今の空から天気を予想できる本』
  武田康男 著（緑書房）
- 『不思議で美しい「空の色彩」図鑑』
  武田康男 著（PHP研究所）
- 『雲を愛する技術』
  荒木健太郎 著（光文社新書）
- 『雲の図鑑』岩槻秀明 著（ベスト新書）
- 『図解入門 最新気象学のキホンがよ〜くわかる本』
  岩槻秀明 著（秀和システム）
- 『親子で読みたい　お天気のはなし』
  下山紀夫・太田陽子 著（東京堂出版）
- 『数え方の辞典』
  飯田朝子 著／町田 健 監修（小学館）
- 『雲の「発明」―気象学を創ったアマチュア科学者』
  リチャード・ハンブリン 著／小田川佳子 訳（扶桑社）
- 『雨の自然誌』
  シンシア・バーネット 著／
  東郷えりか 訳（河出書房新社）
- 『子規選集 3 子規と日本語』
  正岡子規 著（増進会出版社）
- 『ギリシア・ローマ名言集』
  柳沼重剛 編（岩波文庫）
- 『定本 和の色事典 』
  内田広由紀 著（視覚デザイン研究所）
- 『暮らしの中にある日本の伝統色』
  和の色を愛でる会 著（大和書房）
- 『元号読本：「大化」から「令和」まで全248年号の読み物事典』
  所 功・久禮旦雄・吉野健一　編著（創元社）
- 『世界の故事名言ことわざ 総解説』
  江川 卓ほか著（自由国民社）

手塚海香さん、白須賀奈菜さんには大変お世話になり、たくさんのアドバイスをいただきました。素敵にデザインしてくださった岡睦さん、可愛らしいイラストを描いてくださったコーチはじめさん、珍しい雲の写真を提供してくださった武田康男さんに感謝とお礼を申し上げます。

さくいん

staff
装丁・デザイン：岡 睦（mocha design）
イラスト：コーチはじめ
校正：與那嶺桂子
協力：武田康男
写真提供：武田康男（P98-101, P125, P156-159）
文庫　編集：白須賀奈菜（山と溪谷社）
単行本　編集：手塚海香　宇川 静（山と溪谷社）

本書は2020年8月に発行した『ときめく雲図鑑』を文庫化したものです。
文庫化にあたっては、一部の文章や写真を差し替えるなど、再編集をしています。

ときめく図鑑Pokke!
ときめく雲図鑑

2025年3月25日　初版第1刷発行

著　者　菊池真以
発行人　川崎深雪
発行所　株式会社 山と溪谷社
〒101-0051　東京都千代田区神田神保町1丁目105番地
https://www.yamakei.co.jp/

印刷・製本　株式会社 暁印刷

●乱丁・落丁、及び内容に関するお問合せ先
山と溪谷社自動応答サービス　TEL. 03-6744-1900
受付時間／11：00-16：00（土日・祝日を除く）
メールもご利用ください。
【乱丁・落丁】service@yamakei.co.jp
【内容】info@yamakei.co.jp

●書店・取次様からのご注文先　山と溪谷社受注センター
TEL. 048-458-3455　FAX. 048-421-0513

●書店・取次様からのご注文以外のお問合せ先
eigyo@yamakei.co.jp

Printed in Japan
ISBN978-4-635-05011-1